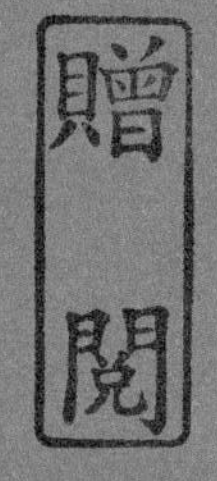

醬油稀飯

梁東屏——著

從醬油稀飯一路走來（代序）

醬油稀飯，是我至今走了六十三年的人生裡，嘗遍百味之後記得最清楚的味道。這個味道的概念，並不僅只是食物，而是曾經走過的一個時代，一個已經逐漸消失的時代。

二〇一三年四月，帶兒子以中回到我小時住過的左營海軍眷村——合群新村。那個感覺非常奇怪，從前覺得頗有空間的住處，眼前的卻是十分侷促，明明曾經有過許多果樹，寬敞的大院，現在怎麼感覺這麼狹小？家門前的道路，曾經讓我覺得對門呂媽媽家相隔頗遠，現在看起來竟然如此逼窄。小時候要爬很久才上得去的大水碁，如今竟只有大約兩公尺高。貫穿合群、建業兩個村子的主要「幹道」七二路，原來卻是這麼一條柏油路。

這跟我很年輕（十七歲）就離家好像也無關。因為我在一九八八年（三十七歲）還在老家住過半年，都不曾有過那種感覺。

眷村生活，有很多記憶。那次回村子裡，跟兒時玩伴相聚，席間有人提起我小時被父親綁在樹上打的往事，立即有另位玩伴說，「一定是我媽去救你的，我媽最愛管這些事。」

我不記得了，但我記得鮮大王醬油倒在稀飯上化不開的樣子，用調羹攪一攪，就變成沒菜可配但最好吃、最美味的醬油稀飯。

我從年少時轉學離家北上（不敢說「求學」，真正的原因是因為快被退學，只好轉學）。所以在我的生命歷程裡，「朋友」一直是個重要的元素。《醬油稀飯》裡記述了幾位朋友，有客死異鄉的竹聯大老陳啟禮，也有素未謀面的《中國時報》同事張筱雲，還有頗引起爭議的郭冠英（范藍欽）。

一定有很多人認為我是眷村子弟出身，屬於「藍」的那一掛，所以才挺郭冠英。這是台灣很弱智也很令人厭煩的地方，所有的事都以簡單的藍、綠來劃分，全島都是評論家。

其實我是彩色的。我這輩子沒投過一張票（ㄟ……好像聽到有人說「那你有什麼資格說話？」）。我挺郭冠英，單純因為看不下去，看不下去台灣是非不明，黑白不分。

郭冠英事件發生時，很多人都噤若寒蟬，我很驕傲自己當時挺身而出。

另外一篇曾經引起爭議的文章，是女作家忽忽（林蔚玲）因車禍去世後，我寫的一篇紀念她的文字（她生前曾半開玩笑說，萬一她先我而去，希望我為她寫一篇悼文，但她也說比我年輕許多，應該不至於先走。哪曉得，她還真的先走一步）。

我寫了，但不是悼文，只是根據我對她的認識，一篇紀念她的文字。

不料卻引起一些人的批評，認為我不應該把「忽忽」生活、感情困頓的一面寫出來。我能理解一般人對所謂「悼文」的期待，可是那種「人死為大」的虛矯美化，我寫不出來也不屑於寫，也知道「忽忽」不會喜歡我那樣寫。

當時引起正反兩面的互批，前後大約幾天吧。我覺得很無奈，這篇文章雖然是貼在我的部落格上，大家都可以看得見，但畢竟是我跟「忽忽」兩個人之間的事，不相干的人吵些什麼？

所以我就把它撤掉了。撤下文章當天，為「忽忽」料理後事的「ㄚ季」就要我把文章寄給她，在「忽忽」頭七那天，「ㄚ季」在她靈前唸了一遍，燒給她了。

也有幾位「忽忽」的好友希望我把文章貼回，我都拒絕了。理由很簡單，「忽忽」新逝，我不耐煩閒雜人等在那邊吵。

所以，現在我把這篇〈忽忽，妳千萬要記得抓住那隻黑鳥的翅膀呀〉也收在《醬油稀飯》裡，作為對她的紀念。

「醬油稀飯」材料簡單、味道平淡，我的人生故事也是如此。

目錄

輯三──關於死亡的二、三想像

輯四—醬油稀飯

輯一

是否，沒有家鄉可以歸返，也能有鄉愁？

一個人

一直想說，但說不出口。

那天，終於說了，「其實我真的很不希望有人接、送，一個人來、去的感覺很好。」很自然地，她顯出有些怨懟的樣子，然後用讓我有點罪惡感的語氣說：「那我先走了。」

話已出口，當然要堅持，否則不是白說，於是就揮揮手，通過移民關時還刻意不回頭打招呼。

這麼多年來，學到個很珍貴的道理。那就是人或遲或早，都要變成「一個人」，躲不了。

既然躲不了，何不早些做準備。所以，過了五十歲之後，幾乎所有的事都是在為「一個人」做準備。運動是游泳、散步、做體操，因為都不需要有伴。網球、高爾夫、桌球，一概不碰。

過了五十歲學吉他，我看得出來很多人的眼光裡透露出說不出的疑問：「不嫌老了點嗎？」

五十歲開始學吉他，是老了一點，可是年輕時沒那個環境、能力，很多事情也只有等

人其實是孤獨的，所以必須學習與孤獨相處。

老了才能開始，而且如果再不開始，難道要等更老嗎？

選擇吉他，因為本來就喜歡，更重要的是可以帶著天涯海角走，又不需要其他的人配合，這也是由於認識到人生旅途上，遲早會是「一個人」。

所以我自己知道在做什麼？我是在為「一個人」做準備。

多好，一個人，一把吉他。

很多時候，孤獨是無法選擇的，所以要早些開始學習如何與孤獨相處。

母親喜歡打麻將，這對老年人來說其實是件好事，可以消磨時間，又聽說可以防止老年痴呆症。可是缺一腳時就只能徘徊斗室、坐立不安、焦躁懊惱，不知要減壽多少。況且到了一定年紀，牌搭子一個一個先後赴天國報到，終有湊不成桌的一天。

所以，有的時候還鼓勵、安排母親到紐約華人家庭賭場裡去打牌。這樣，她就永遠不愁沒牌搭子。

離婚十七、八年了，期間一直有人要為我介紹對象。起初還頗有意，甚至曾經偷偷回應過徵婚啟事。後來，愈來愈覺得不需要，覺得不需要，條件自然愈來愈高，當然也就愈來愈難。終於有次對一位好心的朋友說，「謝謝，不要糟蹋別人。」

從此以後海闊天空。每次有人要為我介紹女朋友，我就告訴對方我的女朋友很多，而且都住在同個地方——芽籠（新加坡紅燈區）。

大家聽了都笑，一副「你別開玩笑」的表情。

我沒有開玩笑，說的完全是實話。人生走到再也不想有什麼感情牽絆的情境，那麼，還有什麼比找妓女更乾脆、俐落。

其實，她們於我真是「性工作者」，我絲毫不輕賤她們。芽籠的妓女每個月生理期時休假三天，常常掛電話給我，我請她們吃飯、聊天，晚上送她們回去「晚點名」，下回再去，照樣付錢，小費也一文不少。朋友歸朋友，生意歸生意。

如果不是「一個人」，恐怕很難辦得到。芽籠的妓女多來自外地，在新加坡，她們其實也是「一個人」。

因此在一定程度上，人其實是孤獨的。所以必須學習與孤獨相處。

更有的時候，孤獨其實也是種享受，譬如說在巴黎的香榭麗舍大道上，所有的人都不認識你，你也不認識其他的人，你不想關心任何人，也沒有人有空關心你，就這樣毫無牽掛，漫無目的地走走。

有的時候，孤獨又是種折磨，譬如在巴黎的香榭麗舍大道上，所有的人都不可能跟你分享，你也沒有辦法跟任何人分享，這時，會覺得活著好像都漫無目的。

但是躲不了。

老頭與車

絕大多數人聽說我騎摩托車，再抬眼打量我的「德行」之後都會問：「你是騎哈雷吧？」足見美國人行銷功夫確實一流，就好像走到世界的任何角落，都會無可遁逃碰到可口可樂廣告。

台灣曾經很自豪到處都有台商，可是我就曾經在一個台商都沒有的國家——非洲查德——喝過可口可樂。

摩托車也同樣，提起來就是哈雷，好像就沒別的車了。

偏偏我從來沒喜歡過哈雷。

於我而言，哈雷是一種過度的招搖，如果少了黑皮衣、黑皮褲、黑頭巾，我會懷疑，哈雷還會是哈雷嗎？這當然很主觀，哈雷迷恐怕會有意見，但是我確實如此認為。

史特吉斯的哈雷盛會

一九九四年，我在美國南達科達州見識過哈雷盛會。

那邊有個地方叫作史特吉斯（Sturgis），平時的人口夯不啷當三、四千人，可是每年八月十二日前後的那兩個星期，史特吉斯及周邊幾個小鎮的人口會膨脹成二十萬人左右，全是來自全美及世界各地黑皮衣、黑皮褲、黑頭巾的哈雷騎士，由於旅館房間當然不夠，他們就在公路邊、野地裡紮營造飯，那真是滿山遍野、炊煙四起，壯觀得很。這麼多人聚在方圓十幾二十公里的範圍，每天都有各式各樣的節目在進行，搖滾音樂會、飆車、刺青比賽乃至於幾乎等於沒穿衣服的「哈雷小姐」選美，保證絕無冷場。但是對所有參加盛會者而言，有個節目卻是絕對而且必須至少要參加一次，那就是「騎車進史特吉斯市區」。

每天從天還未亮開始，哈雷特有的引擎「動、動、動、動」聲就開始出現在史特吉斯的緬街（Main Street），進城的騎士一定會從緬街的兩端進入，時速二十公里「動、動、動、動」緩緩進城，為什麼要緩緩進城？因為要讓聚在路兩旁的人看仔細自己的「坐騎」。

這是一場哈雷爭奇鬥豔選美大會。

那真是很奇特的畫面。看得出來經過努力打扮的每位騎士都面容嚴肅、目不斜視，可是每一位又很明顯地都在偷偷估量別人對他胯下「坐騎」的評價。

不到中午，整條緬街上都已停滿了機車，不過卻留有車道，後來者即使找不到停車位，也依然可以「動、動、動、動」魚貫繞場一周，裝作不在意地接受別人注目，更有不少人一繞再繞卻「老是」找不到停車位。

我想，這就是為什麼自己偏好沉穩、內斂，頗有「紳士」況味的寶馬（BMW）機車的最大原因。對我來說，騎車的「基本盤」就是「騎」而不是「秀」。

不過這是變成「老頭」以後的事。年輕的我，嘿，嘿，嘿，也是頗「愛現」的啦。

我和機車結緣甚早，早在一九七三年間，當絕大多數大學生還是乘坐公車上學的時期，我就拚死拚活地擁有了輛「光陽本田一百」，為了標新立異及耍帥，排氣管裡的滅音器當然用「可以增加馬力」的理由說服自己而拆除，還把所有可供辨識為日本車的標誌拔掉，再用手搖噴漆罐，花了一下午時間，硬是把輛新車噴成誰也看不出來是什麼廠牌的暗紫紅色。

騎車像個小偷

我還記得那時把後視鏡從正常的位置移到把手下方，自己覺得「酷」得很，然而那樣的後視鏡哪裡看得到後面，所以經常必須左右轉頭察看後方或側方來車（後來才知道這其實是正確作法）。有位朋友有次坐在後座，大概是忍了很久才終於開口，「你騎車怎

我騎這輛寶馬機車從新加坡到曼谷。

麼跟小偷一樣鬼頭鬼腦？」

什麼鬼頭鬼腦？為了「酷」，我等是「生命皆可拋」的。

這，當然就是那種要「騎給別人看」的「哈雷心理」在作祟。

等到現在變老以後才覺得當年真的很好笑，有誰在看你？無非是自己的自戀想像而已。

在那個嬉皮狂飆的年代，我跟那輛取名為「拿破輪」的機車跑過很多地方。在「台一號」國道上狂奔的貨卡車陣中穿進穿出，拚命飆給暗處殺出的公路警察追。

在橫貫公路「泰山隧道」附近失控差點摔進深谷。後來讀報才知「泰山隧道」口的那灘濕滑青苔正是有名的「騎士殺手」，有不少都喪生在該處山谷中。

在屏東大橋上親眼見到兩分鐘前才從我後面飛速超過的三輛機車少年，已無生命跡象地摔在河床裡。

有次趕著上山上課，在陽明山仰德大道的大轉彎失速摔倒，車子在路面上高速滑磨所迸出的四射火花，至今猶歷歷在目。

也還記得為了「養車」，跑到竹圍一家玻璃瓶工廠打工，打到女友都因之而分手也無悔。後來又到長安東路一家文具行做濾水器送貨員。（奇怪，為什麼是文具行？）甚至於因為實在沒時間去上課，竟然可以為了摩托車去跟系主任談判「不上課，只考試」。

那段時間，可以回憶的事情真是太多了。

後來，跟摩托車分道揚鑣了好長一段時間。

住到美國以後，摩托車基本上不是交通工具而是屬於「運動器材」之類的奢侈品，買起來比汽車還貴，尤其是哈雷，林林總總的配件，加起來還要超過一般的車價。

後來終於忍不住。

大約是一九九六年吧，又在紐約市縮衣節食買了輛不用打扮的二手寶馬機車，七百五十ＣＣ，雖然很陽春，儀表板左下卻設有內置的錄音帶播放裝置，車把上也有對付冰冷天氣的加熱設備。真是新奇。

那時伍佰還沒像現在這樣出名，仍然名叫吳俊霖，可是我已經很喜歡他的歌，經常在騎車時聽〈少年ㄟ，安啦〉。

那捲錄音帶上的作曲者寫著「林強等」（Lim Giong and Others），少年吳俊霖就沒沒無聞地埋藏在這個「等」（and Others）裡頭等著爆發。

當時已經四十出頭的我跟〈少年ㄟ，安啦〉，曾經很長一段時間「作伙」飆在風裡。

終於爽到一次

只是紐約市的交通狀態並不適合騎車，車多路塞，夏天太熱，冬天大雪，騎的機會真的不多。唯一爽到的是有次騎車到亞特蘭大為《中國時報》奧運採訪團做後勤支援，回程的時候帶著頂帳篷，一路騎車、露營回到紐約，竟然成為我在美國長達十九年的生活裡，少數時常回想起的一段。

一九九八年派駐東南亞，又買了輛一千ＣＣ的二手「新歡」。倒不是因為狠心拋棄「舊愛」，而是由於新加坡規定不准進口三年車齡以上的舊車，所以那輛「舊愛」至今仍在紐約等待我的救援。

可惜泰國也不許進口。

東南亞的氣候太熱，不太適合騎車，尤其都市裡加上塞車問題更是如此。也正因此，兩年前搬家時從新加坡一路騎到曼谷的那次，就成為可與「亞特蘭大－紐約之旅」匹敵的經驗。

馬來西亞的南北大道就如同任何世界各地的高速公路一樣，風景無甚可觀，所以那次刻意從馬國東岸的公路北上，騎經東海岸的丁加奴州、吉打州等處，真是心曠神怡，那些回教的「深綠」（回教徒偏愛綠色）地段，顯然是因為較為窮困的關係，車輛明顯稀少，路雖不寬卻略有起伏，騎起來很怡然自得，頗有「逍遙騎士」（Easy Rider）的感覺，再加上正是榴槤飄香的季節，全罩式安全帽裡罩住一路的榴槤香，直到兩年多後的今天都還能很準確地回味。

最讓騎士感到有人情味的就是，我去過這麼多地方，就只有在前述的兩個州境內，公路上劃有摩托車專用道。

抵達曼谷後住定。白天熱得發昏，塞車情況更是舉世聞名，騎車簡直是折磨，因此我已轉型為「夜間騎士」（Midnight Rider）。

英文《曼谷郵報》上有個每週一次的專欄，欄名叫作「Thailand on Two Wheels」（兩輪遊泰國），作者就是騎著輛摩托車全泰國趴趴走，然後記下沿路見聞。

我羨慕極了，能這樣以騎車為生，竟然好像變成了渴望又難以實現的夢想。而且歲月終究不會饒人，我還能騎多久呢？……

我與《中國時報》的因緣

我這人一向隨波逐流，幾乎沒有立過任何志向，唯一的例外是在文化大學（那時叫作「文化學院」）新聞系畢業時，立過此生至今唯一的志向，那就是不從事新聞工作，意志堅強到是當年第八屆畢業班中，唯一不參加跟以後就業攸關重要的實習的人。原因嗎？有點曲折也頗精采，不過由於還牽涉到別人，又是自己的選擇，就暫時不說了。

總之，新聞系畢業之後，為了「不做新聞工作」，那還真的是什麼工作都做過，先是回高雄開搖滾簡餐廳。失敗之後北上台北擔任航空貨運公司跑機場通關小弟，南山保險公司賣保險，公賣局商展擺攤賣毛衣、玩具，帶著複印的假文件闖軍隊營區賣電子錶，擺地攤賣首飾、成衣而經常跑給警察追……，甚至於後來到了美國也幹過餐館工、汽車加油工、停車場管理員、貨運工、裝修工……，就是壓根兒沒想過從事新聞工作。

就這樣從台灣、美國連讀書帶打工，稀里嘩啦過了一事無成的七年。

一九八四年父親過世，回台灣處理完喪事之後學業也跟著中斷，抱著投靠妹妹的心情到了紐約市，當然還是到處找工打，有次隨車送貨到餐館，手推貨車（Hand Truck）上一百公斤的米袋，推著都吃力也不熟操作，還要下地下室儲藏間，樓梯才下一格，整個手推車連米袋就往下衝，如果不鬆手，人都會被拖下去，於是乒拎乓踉米袋連車衝下。餐廳老闆當然一副臭臉。

第二天再去上班，就被辭退了。為了做工而新買的白麻布手套才剛染點髒就丟了工作。真覺得自己一無是處。

那時前妻海華在《美洲中國時報》業務部電話推廣小組工作，有次得知有個送報的缺。送報？送報有什麼不好，早睡早起身體好。就去送報了。

第一天上班，清晨六點多領了兩百份報紙，用個簡單的手推車推著去搭地鐵，出了報社不遠，因為不善操作手推車結果在下人行道斜坡時讓報紙撒了一地。

當時太陽剛剛出來，站在人車尚稀的紐約街頭，望著晨曦中散落一地的報紙，回想這麼多年的顛沛流離，真是止不住悲從中來，彎身撿拾報紙時，眼淚就流下來了。好歹也是個大學畢業生，淪落成這樣？

可是工作還是得做。擦乾眼淚、撿起報紙，開始了第一天的送報生涯。

那天前後花了七個小時才送完兩百份報紙，屈指一算，報社給的津貼加上賣報佣金，一個月大概只能有兩百美金的收入。這樣的工作，哪裡能做？

可是還放棄不了。不做，連兩百美金都沒有。海華勸我撐撐看，她說，「我陪你一起送，反正騎著驢子找馬。」

那還得了？一個月只能賺兩百元的工作兩個人來分，不是更慘。不過騎著驢子找馬倒是真的，於是就決定撐段時間。

當時與時報的安排是每月車馬費七十五美元，每賣一份報紙可以有五分錢的利潤，所以是多賣多賺，而且理論上沒有上限。

為了多賣報，我和海華就卯足勁開發新的售報點，報份的成長相當迅速穩定，大約半年之後，紐約地下鐵內的售報亭，幾乎已被我們開發殆盡，每月單靠送報的收入，也已經有一千五百美元上下。

頗覺得驕傲的是，報社當時因為我的送報成績好，同意支持申辦美國居留權。這在《中國時報》是從來沒有的事。

那時，《美洲中國時報》的軟性版面如副刊、影劇等都是由台灣總社編輯好做成軟片，然後經由華航交運美國，原先是由一位劉先生每晚跑甘迺迪機場取軟片送回編輯部。

後來他因鏟雪傷了背部必須休息，被海華知道了，於是就幫我找了這匹「馬」，代替劉先生跑機場，將底片送到編輯部後，再開車到曼哈頓買午夜出爐的第二天報紙，送回編輯部給編譯組使用。這樣，每個月可以多賺三百美元。

另外，海華由於在報社辦公室工作，再加上她本來就善於與人交往，因此人頭很熟。我估計是她向當時在編譯組擔任主任的黃肇松先生（同事均稱「肇公」）推薦，說是她有位新聞系畢業，中、英文都還過得去的老公。所以，肇公有天就託她帶回一篇稿子給我翻譯，這樣又開始了另份工作，不定期以「論件計酬」的方式幫編譯組翻譯比較不具時效的稿子。於是，送報、跑機場、買報紙、翻譯，每個月大約可以有近兩千美元收入，而且不用繳稅。

但是真的很累。送報是一大早的工作，跑機場、買報又是深夜的工作，所以每天晚上只能有大約三個多小時睡眠，白天還要翻譯稿子，睡覺的時間只能七零八落地湊。

肇公當時曾經探詢我進編輯部的意願，我始終很猶疑，就是因為進編譯組的話，薪水是一千八百元，但是稅扣掉之後就差很多了。可是我每天半夜進編輯部，見到心目中大名鼎鼎的俞總編輯國基先生、許社長世兆先生、肇公、徐啟智先生、龔選舞先生、周天瑞、胡鴻仁、鄭漢良、周蒼龍、楊人凱……等人，其實是充滿既自卑又羨慕的心情，更有「滿座皆雅士，唯我一走卒」的不堪。

直到一九八四年底，我終於想通而決定進編輯部，可是肇公告知當時正好沒缺。既然動了念，我就覺得送報的事再難做下去，於是就去報考傅朝樞先生辦的「中報」並獲錄取。

肇公知道後又全力留我，那時我已風聞時報恐怕會有巨變，就跟肇公提及我的擔心。肇公當時說，「沒那回事，頂多是裁員，只要我在，就裁不到你。」

所以我就同意留在時報，哪裡知道才進編輯部擔任了一星期的編譯，《美洲中國時報》就宣布停刊了。

我記得當天正好是休假日，聽到這個晴天霹靂時我人正在唐人街，掛電話給肇公，肇公夫人詩暖接的電話，要我等一下，在電話裡就清楚聽到肇公嚎啕大哭的聲音。真是心都碎了。

所以我在《美洲中國時報》的資歷實際上只有七天，連領遣散費的資格都沒有。不過肇公還是幫我爭取了在當時對我十分重要的五百美元補貼，這個患難情義我一直感念在心，從不敢忘。

美洲中時關報之後，據說當時的《世界日報》接獲台灣《聯合報》總社指令，不准聘用任何《中國時報》的人。結果紐約一份由中國僑務辦公室背後支持的《北美日報》政策性收納惶惶如喪家之犬的前中時員工，包括俞國基在內的二十餘人都轉而棲身《北美日報》。

我當時去了先前已錄取的「中報」，兩個月之後再轉往「北美」。這批《中國時報》

的人進入「北美」之後，三搞兩搞，把一份左報辦成了讓中國駐紐約總領館極為頭疼的自由派報紙。

到了一九八七年底，中方大約是已經忍無可忍，於是空降了一位名為嚴昭者進報社擔任社長，實則就是要製造種種困難逼走俞國基，嚴昭甚至經常在社內會議上當眾對俞總拍桌，報社氣氛十分令人沮喪，也導致我萌生去意而給已經回到台北的肇公掛了電話，表示有意回台進《中國時報》工作。肇公當時就很爽快地答應幫忙安排。

回到台北見了肇公之後，他才細述把我推薦給報社的趣事。原來他提到我的「大名」之時，大家都「霧煞煞」，不知道他所說的是哪號人物，直到他再三解釋我在紐約的「豐功偉業」，大家才恍然大悟「噢，就是送報送得不錯的那個」。

那次回台灣前後其實只待了一年半，雖然初衷是想要以記者的身分親自體驗大時代的變動，可是終究未能如願，因此回台的第一個半年是在日報國際組擔任撰述委員；隨後為了陪伴老母，請調到高雄擔任駐在記者，雖然跑了外勤，可是卻侷限一方；半年之後，晚報的國際組主任出缺，於是在時任總編輯的胡鴻仁兄召喚之下回台北接任，一待也是半年。

一年半的時間過得很快，從外面看很轟轟烈烈的事情，等到身處其中之後，其實也不過就是如此，那時正好美國的居留權得到批准，在晚報的工作又受到一些干擾，左思右想之下，還是覺得不如回美國。

心意既定，就開始著手進行準備回美。可是回去哪裡呢？那時《北美日報》已經停刊，其他幾份僑報不是規模太小就是味道不對，唯一可以選擇的是聯合報系的《世界日報》。所以就掛了電話給前《美洲中國時報》同仁、當時已經在紐約《世界日報》擔任總經理的張靜濤先生，請他代為向總編輯項國寧兄表示我有意回美，是否可以安排記者的職務。

第二天，靜濤兄就回電表示一切都談妥，等我回美就可以上班了。

我當時的考慮是，《美洲中國時報》已經停刊，雖然還有一份《美洲時報週刊》，但是主要的編輯工作都在台北完成，紐約方面的規模畢竟有限，而我之所以要回美國，基本上是私人考慮，自然不方便也不好意思要求報社安排。

當時在進行這些事的時候，並沒有讓任何人知道，也特別拜託靜濤兄守密，並不是想「偷跑」，而是不想讓人覺得好像我在兩邊拿喬。反正已經決定要離開，沒有必要橫生枝節。

可是我卻必須向俞國基先生報告。主要的原因是，他當時正好被發表兼任《美洲時報週刊》總編輯，所以就邀約我用晚報國際組的人力，協助提供國際新聞方面的內容。我已經承諾在先，現在卻要「落跑」，因此覺得有必要知會他。

當然，我也再三拜託他不要告訴別人，理由亦如前述。俞先生當時也對我做出承諾。

不料第二天一早進了辦公室，就接到俞先生的電話。

俞先生平常上晚班，這麼早來電話，當然是有事。

結果俞先生一開口就說，「我做了件對不起你的事」，接著他就表示，我計畫回美之事，他已經對「另一位余先生（《中國時報》余紀忠董事長）」說了。

電話放下還不到十分鐘，余董事長辦公室就來電話，要我上去一趟。

老實說，我當時確實有「事跡敗露」的惶恐，卻也有心意已決的篤定。

進了余董事長辦公室後，發現余總經理建新先生也在座。

余董事長先說：「聽說，你要回美國？」

我說：「是的，因為移民已經辦好了。」

余董事長說：「我們在美國，也有很多事要做呀。」

我還來不及回答。余董事長就對余總經理說：「建新，你幫他安排一下。」

就這樣，三句話，本來與《中國時報》即將中斷的因緣，又接了起來。我原來心中所有的惶恐、篤定，也都在瞬息之間，被這三句話轟到九霄雲外。

事後我常常在想，董事長在處理這件事的時候，不知是否曾經深思熟慮，還是直覺上就曉得該怎麼做？因為我相信他知道我是準備去大家所認知的「敵報」上班，可是他卻一個字都不提，使得我也很難於啟齒已經承諾對方。

這樣的處理，讓彼此都免去無必要的尷尬，結果又很自然。最重要的是，大家的最終目的都未受影響，甚至更好。

也正因為如此，我原先一年半又七天的資歷，就這樣又接續起來，直到二〇一二年五月底退休。

老實說，那天在余董事長辦公室，雖然只是短短的三句話，我卻真的覺得無論是語氣、手勢，董事長都十足地像位「教父」，他對我提出的，則是「無法拒絕的提議」（An Offer You Can't Refuse）。

其實我在回台北之前，從來沒見過余董事長，只聽說過很多半信半疑如神話般的傳說，直到我自己親身體驗過一次，才相信那些神話應該都是真的。

那是我回台北上班以後的事，有次乘坐電梯，正好余董事長也進來，由於他也從未見過我，就瞄了一下我配在胸前的服務證，然後用很體貼的口吻問道：「你就是東屏啊，回來都好嗎？」

但最讓我吃驚的是下一句話，他竟然問道：「海華好嗎？」

我和他是初次相見，海華則從未跟他見過面，他居然知道。這還不稀奇，稀奇的是他竟然叫得出名字。

我知道在那之前，他對我唯一的印象是我在《美洲中國時報》收攤之後，寫過一篇記述自己在那段時間工作的文章，當時交給了肇公，用意是以一位送報生的身分，為《中國時報》在美國奮鬥留下我所了解部分的紀錄，後來肇公告訴我那篇文章太傷感，所以決定不在社刊刊出，但是他交給了余董事長。

余董事長顯然是讀了那篇文章，但是那次見面應該是他讀那篇文章至少三年以後的事，他竟然能記得海華的名字，真讓人佩服。

我後來在美國那段時間的後期，曾經兼管過《美洲時報週刊》的業務，多次回台開會而與余董事長有較頻密接觸，漸漸也有了比較多的了解，對他的敬佩更是與日俱增。

我從一九八七年進報社，匆匆二十五年，人生最精華的日子，就是在《中國時報》度過，如今屆齡退休，心中難免感觸，不由想起過世已近十年的余老先生。

我與黃肇松（右）在越南下龍灣

Happy Birthday to Myself

當那人蹲下來把一張我所見過印刷最精美、鮮亮無比、婀娜多姿、透著清香、幾乎要拍著翅膀飛起來的一百泰銖鈔票放進我故意敞開得很大、很大的吉他袋裡時，這個世界突然明亮起來，枝頭的小鳥也忽然如夢初醒雀躍歡唱，昨晚已經開過又謝掉的曇花，也再度展姿怒放。

我仰望蒼天。終於，終於……有識貨的人了。

其實，Mmmmmm……沒有啦。

那天，第一個被丟進我那故意敞開得很大、很大的吉他袋裡的，只是一枚兩泰銖的銅板，而且是在我剛開始開口唱沒有多久，自己都還未進入狀況的時候，這位從對面銀行裡出來的老兄就直接走到我面前，毫不考慮地把那枚捏在手中的銅板丟進我那故意敞開得很大、很大的吉他袋。

我下意識也有點驚慌失措地想謝謝他，但還來不及開口，他就頭也不回地走了。顯然，他看見我的時候，立即發現是丟掉那枚根本無法做什麼事的銅板的大好機會，於是他就丟了。就這麼單純，絕對沒錯。

*

那天早上起床之後，就決定一定要幹了。

收拾好所有需要的東西，吉他、調音器、口琴架、四支口琴、移調夾……。

時間到了，我開始向窗外張望，下雨了嗎？沒有。颱風了嗎？沒有。太陽有很大嗎？沒有。太陽有很小嗎？也沒有。

只好揹起吉他袋出門了。

不是第一次這樣出門，但每次都是原封不動回來，總有各種理由讓我的吉他一直躺在袋子裡。

到了前一天其實已經勘查過的地方。「咦，怎麼人看起來沒昨天多？再往前面走走吧。」走到一段比較熱鬧的地方，「嗯，人好像太多，有點吵雜，為什麼不到對面去瞧瞧？」

對面人流適中，也不吵雜，但是「太陽很大呢，這樣站十分鐘恐怕就會受不了，也許會昏倒唷」。

走著，走著，就到天鐵站了。也許是天意吧，那就到「勝利紀念碑」瞧瞧，聽說很多街頭藝人都在那裡表演。

在曼谷街頭彈唱。

「勝利紀念碑」是曼谷市內最主要的公車集散地，開往各處的公車都從這裡輻射出去，圓環周圍有許多小商店，也有讓人休息的小廣場，應該很適合。

我繞了一圈，找了個小廣場的椅子坐下，開始努力培養上場的情緒。唉，是勇氣啦。

就在這時候，不知道從哪裡冒出來個酷得不得了、很難以形容的「野人」。

他的頭髮很長、很髒、很亂，而且重點是「很髒、很亂」。一大綹散在右後腦、像張飛鬍子的僨張怒髮，左前額則是另一大綹同樣很亂、像「原子小飛俠」的瀏海遮住半邊臉，只露出右邊堅毅、黝黑、看起來很久沒洗的髒兮兮、有著鬍渣子的下巴。

他的衣服更難形容，很襤褸破爛有補釘的藍色粗布衣，曼谷的四月是最熱的時候，他卻鶉衣百結穿了好幾層，右腿上還綁了條藍布蠟染、很骯髒的大方巾。吉他袋隨意丟在地上，看過去就是一堆爛布，沒人會認為那是個吉他袋。吉他背帶則是用色彩斑爛原住民風味髒舊破布搓成的一條不知是什麼東西的布繩。

然而當他的吉他聲從這麼一個組合傳出來的時候，我當場就呆了。

那是一種毫無章法卻很好聽的吉他。

他按和弦的幾個手指不停亂動，完全顛覆了我認知和弦必須「按住」的概念。而當他的聲音終於出來的時候，我就知道我應該揹著吉他回家了。

那是像野獸在低吼或是呻吟的聲音，十分孤獨、有點蒼涼，卻有難以言說的野性、不羈，配合著他那身打扮，真讓我著迷。

我在那邊靜靜地聽，心裡十分悸動。可是他周邊的人似乎沒把他當一回事，僅有一些人乍然見到他而露出「嘩，這傢伙是什麼玩意兒？」的表情。因為如果把他的吉他減掉，他就完全像是個很久沒有討到錢的骯髒乞丐。

坐了一會兒，我揹起吉他袋準備回家。這也沒什麼，我已經很有經驗。

記不太清楚了，反正是超過五十歲才開始學吉他，那也有八年了。開始有上街的衝動則是從四年多前到曼谷以後的事。

有次，《中國時報》同事呂昭隆到曼谷採訪，知道我的「宏願」之後，還相約我一旦真要上街，他會專程再來，好好幫我寫一篇吹牛的報導，一舉把我擠入「搖滾名人堂」。

這，也是三年前的事了，三年來，始終沒通知過他。

我也上網找過台灣、新加坡報考街頭藝人執照的資料、報名表，可就是有各種理由沒報名。其實我自己知道，真正的理由只有一個，就是沒把握、提不起勇氣。

這一年多以來，揹著吉他出門的衝動與次數愈來愈多，但每次還是以「勘查地形」收場。

「而現在，你又要回家了嗎？」

坐在往回家方向天鐵上的我這樣思量著，「馬的，今天是這麼特別的日子，你真的就要這樣回家了嗎？你對得起全國父老兄弟姊妹軍民同胞們嗎？」

於是，我在兩個小時前已經去過的「沙拉甸」天鐵站下了車，走到天鐵和地鐵站之間的地段，對面是幾間銀行的自動提款機，旁邊已經有幾個地攤擺開。

我裝作若無其事把吉他袋靠在路樹上，取出水瓶喝了一口水，行人匆匆打我面前經過，沒人理我。

我悄悄把吉他袋打開，沒人理我。我開始蹲在那裡調音，沒人理我。我低頭把口琴架好，沒人理我。我站起來的時候突然想起，趕快把頂在頭上的墨鏡移下，擋住我的心虛，依然沒人理我。

我開始彈琴，還是沒人理我，然後……我開口唱了。

就在那個時候，那個人走過來把兩銖銅板丟進我那故意敞開得很大很大的吉他袋裡。

剛才是騙你們的，曇花沒有開，小鳥沒有歡唱，我戴著墨鏡，世界怎麼會變得更明亮？但是我的心花朵朵開，我正在歡唱，我的世界確實變得更明亮……

我，終．於．辦．到．了。

站在那裡唱了將近一個半小時，這段時間裡另外有位女士放了張二十銖的鈔票，兩位男子扔了一小把銅板。我不好意思去看究竟有多少，只是想「今天的晚餐只好吃粿條了」。時間已經近七點，我還要趕去店裡。

我記得當時是在唱最喜歡的〈Sara〉，然後就準備去附近小店吃粿條。

我開始彈琴，還是沒人理我，然後，我開唱了。我．終．於．辦．到．了。

泰國的粿條很好吃，一碗只要三十五銖，袋子裡的那些錢應該夠了，雖然日子特別，但我不能奢想要吃更好的東西，因為今天只有這麼多錢，這是我自己要選擇的生活，我要先適應。

就在這時候，一個高高瘦瘦的白人男子走到我跟前，掏出皮夾，取出一張我所見過印刷最精美、鮮亮無比、婀娜多姿、透著清香、幾乎要拍著翅膀飛起來的一百泰銖鈔票。他蹲下來，把那張鈔票放進我故意敞開得很大、很大的吉他袋裡。

Sara oh Sara, Don't ever leave me Don't ever go...

我很認真地把最後一段口琴吹完，蹲下來收拾吉他袋，袋子裡有一百三十六泰銖，已足夠到旁邊的席隆中央百貨商場裡吃些好東西了。

啊，流浪的感覺真好。

這天是二〇〇九年四月二十九日，我的五十八歲生日，我要記住這一天。

這一天，我為自己的人生又開了一扇窗。

是否，沒有家鄉可以歸返，也能有鄉愁？

那天在泰國北部清邁府深山裡，這個完全跟曾經擁有過的家鄉扯不上任何關係甚至語言都不通的地方。

山村小店喝了咖啡，不耐久坐而暫離其他同行者信步走出。才一轉彎，一隻顯然正在享受寧靜的土狗，趴在十公尺遠的小路中央仰起頭來吠，一邊斜眼注意我的動靜。

牠一直趴著顯然無意讓路，我也不想招惹挑戰牠的路權，才一轉身，牠的吠聲即止，跟小時村裡的狗一樣欺生。

小時候，幾乎家家戶戶都有剩菜剩飯要處理，所以都養狗，各式各樣黑、黃、花、白的土狗，捲毛的洋狗很珍稀，取的名字是「瑪麗」、「哈利」……等等。土狗？就是小黑、小黃……。

那時沒什麼人用狗鍊，全是野放，狗兒也懂得到處串門子，鬼叫起來一呼百應，成群追逐陌生人、驅趕誤闖禁地的陌生狗，欺生得要命。我就常常在別的村子被狗凶被狗追，騎車的時候更是常常需縮起腳防咬。

那些狗其實也是怕才凶，頸上的毛都緊張得豎起來，吼叫壯自己膽而已。

我家養的是隻土得不能再土的短腳黑狗，不知是怎麼雜配出來的，頭滿大，身卻小，四條腿短得肚子都快碰到地，真醜，可也是條狗。

名字？我還真想不起來，「黑皮」吧？

牠後來在外邊遭車輾過，大便都噴出來，以為絕對無法活卻撐了下來，那時也沒什麼獸醫不獸醫，就算有，恐怕也不會送牠去，牠就自己好了，但兩隻後腿從此就併在一起，跑起來像三腿狗，外邊一有動靜，照樣衝出去湊熱鬧，也沒人嫌棄牠，一樣在我家壽終正寢。

這清邁山裡的人家也都養雞，當然也野放，就跟小時家家戶戶一樣，都在院子裡找蟲吃。那時真是跟著公雞啼叫起床，母雞咯咯時就知道有蛋可撿了，那蛋握在手裡還暖暖的。

對面馮婆婆最喜歡講的一件事就是，「東屏從小不麻煩人，你媽生你去醫院時（海軍總醫院離我家很近），母雞開始咯咯叫，蛋還沒生下，你已經出來了。」

奇怪，我們和狗啊貓啊都有感情，跟雞就沒有，牠們似乎被我們認定遲早要上桌的，沒有人會為那碗當歸雞掉淚，肉歸人、骨歸狗，羽毛拿來做毽子、弓箭。

那時的孩子跟泥土多親近，所有的活動都在泥土地上，烤地瓜、跳房子、打彈珠、甩陀螺、玩尪仔標……這些，我的兒女都已沒緣。

後來村裡開始鋪上柏油路，再後來，大家都把扶桑花砍掉，換上磚石圍牆，孩子無法再鑽來鑽去，大人也不再隔空喊話，大家都開始關進自己的牢房裡。

我家院子裡曾經有兩棵巨大、吸引無數鳥鳴的菩提樹，也為了改建圍牆砍掉，真可惜。我在一九八八年曾回村子短暫住過，把後院全鋪上水泥停車，後來回想，真不知吃錯什麼藥。

不久前，收到妹妹寄來一段視頻，赫然是老家村子拆遷，小時玩伴已都是五、六十歲的人了，從各地返回看最後一眼。

那時住的是日本式連棟木屋，一長條大約十戶。我家幸運，是第一家，所以有很大的邊院，院子裡就像這個清邁山村人家一樣，有很多結實纍纍的果樹，每家都有，芒果、香蕉、柚子、龍眼、石榴……。

在這山村小徑散步，幾乎不見人蹤，有咿咿呀呀的竹橋、流水。小時奉母命到隔壁村買辣蘿蔔，也要提心吊膽走跨過大水溝竹枝已經迸裂的橋。這裡也有絲瓜棚架，我大約七歲時抽第一根「菸」，就是用乾絲瓜藤ＤＩＹ。

七、八年前帶兒、女、外甥去台灣東部，見到一棵木瓜樹，問他們是什麼果實？一個說鳳梨、一個說西瓜、一個說椰子。我們小時除了故意搞怪，絕不可能答錯。

那時家裡都是柳安木地板，週末清掃時，屁股翹得高高地用抹布按在地上推過去。很多年以後看大島渚的《感官世界》，阿部定也是這樣抹地，結果被主人吉藏一把捏住屁股，展開兩人絢爛終至滅絕的情色瘋幻旅程。

那樣的地板跟家裡的木門、木窗乃至於壁櫥內年久漆落斑駁、每到夏天都要打開來曝曬的木箱，都有特別的味道。

那天參訪的最後節目是進到一家寄宿家庭參觀，脫鞋上木梯進到客廳，木質地板、昏暗屋角一張藤椅、木板牆上貼著、釘著一些廣告圖片、月曆，臥室裡掛著一頂蚊帳，那樣熟悉的味道，那樣熟悉的擺設。

離開台灣三十三年，在這地球上遊魂飄零，沒一處感覺是家，甚至連候鳥都不算。這個沒有家鄉可以歸返的人，就在這間陰暗屋子的角落，終於還是偷偷落淚了。

木質地板、昏暗屋角一張藤椅，那樣熟悉的味道，那樣熟悉的擺設。

扒手

悶熱的下午。

突然覺得左腿口袋附近有些窸窸窣窣。

張開眼轉頭一看，不知什麼時候旁邊已經坐了一個人，露出有點怪異、諂媚的笑容，他的右手扶在座位邊，正在我的口袋旁，腰間皮帶上卻奇怪地掛著一頂鴨舌帽。

曼谷的公車很小，座位之間又很窄，我習慣坐最後一排較為寬敞又可伸腿的四人長條座，我家在公車起站，所以每次都能如願坐到靠窗位子。

那天也不例外，天氣也如常悶熱，車子晃啷晃啷我就睡著了，醒來之後旁邊就是這個人，長條座上還有另兩名乘客，車上坐了大約七成滿。

醒來沒幾分鐘，就發現旁邊這個人很不安分，特別是一雙賊眼碌碌，車一靠站就打量上車的人。

一會兒之後，奇怪的事發生了。旁邊這個人突然起身讓座，但是他的讓座是伸出手把對方「拉」過來坐。坐下的這人是位約莫六十歲左右的男子，提著大包小包購物袋，手指上戴著頗大的寶石戒指。

到了下一站，坐在我左前方的一個中年人也站起來讓座給一位怎麼看都不需要座位的婦女，同樣的，他也是把她「拉過去坐」；再下一刻，坐在「寶石戒指先生」左邊隔一個人的乘客突然起身，原先站著的「賊眼」則坐入他空出的位子。奇怪的是，起身的人並不是要下車。

然後，原先坐在我左前方、讓位給婦女的那位老兄瞥了一眼我和「寶石戒指先生」中間很小的空隙，硬是要求擠進來坐。

我突然之間明白是怎麼回事了。

由於真的是很擠，我一肚子火起身，然後用很有限的泰文跟那位「寶石戒指先生」說：「你要小心喔，有人會扒你的東西。」

我不會說「扒手」的泰語，但是會說「偷東西（卡母ㄟ）」，然後做了一個「扒東西」的動作。

「寶石戒指老兄」顯然沒聽懂，一直露著金牙衝著我笑。

可是剛剛擠進來，顯然是帶頭的那位老兄聽懂了，一臉怒氣瞪著我，口中嘟嚷了幾句。我聽不懂。

這時，讓位給「賊眼」的那位走回來，像屏風一樣站在「寶石戒指先生」的面前。

我就完全相信自己的判斷了。

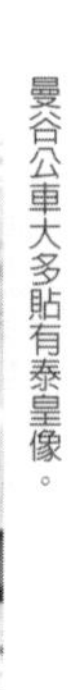
曼谷公車大多貼有泰皇像。

這是一個至少四個人組成的扒手集團，他們利用讓座的方式，把對象讓到目標位置後「夾」起來。

「寶石戒指先生」右手邊那位是帶頭的「老大」，左手邊是位從上車後一直靜靜坐在那裡沒動的「暗樁」，再左邊一位就是「賊眼」，「屏風」先生負責遮擋車上其他人的耳目，「老大」及「暗樁」都刻意把兩手放在明顯位置，「賊眼」則隔著「暗樁」從他背後伸出「第三隻手」下手。

他們的陣勢已經完全擺好，但卻遲遲無法動手，因為我一直瞪著他們。他們顯然很急、很氣，一直在互相小聲講話，「賊眼」更是「此地無銀三百兩」地故意也把手架在座位的護欄上「以示清白」。那位「老大」甚至很「謙卑」地指著前方空位，露著諂媚的笑容要我去坐。

我沒理他。

這樣僵持了大約十分鐘，他們可能真的受不了了，交換了一下意見，那位一直沒吭聲，看起來比較凶惡的「暗椿」先生起身走到我面前，用咬著牙、故意很凶狠的聲音低聲對我說：「你有什麼問題嗎？」

嘿嘿，這句我倒聽懂了，也會回答，「沒謎（沒有）」。

他於是指著前面的空位，做了一個「請」的手勢。

我還是不理他。

他看起來是真的火了，用手把衣服的一角掀起，露出我不是很確定但似乎是插在腰間的小刀，然後又說了句我聽懂（其實是根據單字湊出的，應該沒聽錯）的話，「你想死在泰國嗎？」

我也火了。

以前在紐約跟義大利「黑手黨」打過交道，其實真正的「黑手黨」跟螢幕上的橫眉豎目是大相逕庭的。

「黑手黨」派出來談判的人幾乎都是慈眉善目的「老祖父」型，可是愈是這樣，當他們笑瞇瞇地吐出狠話時，才真讓你背脊發涼。那種狠是出於實力而非虛張聲勢。

我那天也效法之，對著「暗椿」笑瞇瞇地說，「你他X的有種就拔（刀）出來。」

哈哈哈，可惜我說的是華語（泰語真的不會說），他顯然沒聽懂而一臉惶惑。

也就是在那一刻，我突然覺得自己很無聊，「馬的，一車的泰國人都不管了，關你這個外國人屁事，說的話人家也聽不懂」。而且，我也到站了，那些扒手也真的還沒下手，我有什麼證據證明他們是扒手？

下車前，我又看了「寶石戒指先生」一眼，他還是露著金牙跟我笑，茫然不知大禍將臨。

其實也算不得什麼大禍，他坐公車，身上不會有太多錢，對方也不可能傷他。

整個過程裡，我注意到司機在後視鏡裡的眼神，車掌也不時往後看。

大概兩個月後，我在超市購物後上公車，突然有隻手伸來要我去坐，一抬眼赫然就是那位「老大」。他顯然不記得我了，我當然也沒過去坐。

由於是回家的路，我決心要證明一直有的疑問。

我家在底站（也是起站），我到站下車，他們卻沒下車，車子繼續開往調車場，我站在原地等，一分鐘後另輛公車從調車場開出來，經過我面前時，我看到那四個人坐在最後一排有說有笑。

這些扒手果然跟公車是一夥的。

兼差大法師

新居完全符合期望。

湄南河像腰帶一樣繞過大樓，懂風水的朋友搖頭晃腦地說，「金龍纏腰，mmmmm……金龍纏腰，必然大發啊！」我捏著口袋裡僅有的幾張爛鈔票，裝作不在意地邊點頭邊回應，「喔，真的唷？」

大樓位於通衢大道的尾端，車少人稀、鬧中取靜，合乎我那背著手、捻著鬍子「大隱隱於市」的名士飄然形象。

左前方一大片樹林，唧唧哇哇的蟲鳴鳥叫此起彼落，是閒來吟詩弄月的好地方。房號「一九〇一」，風水仙掐指一算，一聲喝采「好啊！」雖然嚇我一跳，還是私心偷笑，「這下，衰運該結束了吧？」

社區門口是公車總站，三、五分鐘就一班，大、小兩種車型，配有司機及偽裝成售票員的隨扈一名，我每次出門，雖然短褲、T恤刻意低調，卻老有一票吱吱喳喳粉絲跟著一起上車。很煩哩。

還有，斜對面有座相當具規模的大醫院。

「這個重要，年紀大了，又一個人住，萬一有什麼事，爬都爬到了。」風水仙聽了勉強擠出絲笑容，望著醫院，眉頭卻稍微皺了皺。

搬進來之後，慢慢弄懂她那天為什麼皺眉。

每天晚上，醫院的方向總會傳來幾次群狗哭聲。

曼谷流浪狗多，我的住處附近屈指數數，恐怕就不下四、五十隻，哭起來一鳴百應，久久不歇。河對面有兩座廟宇，高高的煙囪，一望即知有火葬服務，有時狗哭也從那邊陰裡陰氣傳來。

全新的屋子呢，可是住進來之後可怪了，冰箱滴水、爐台冒煙、冷氣結霜、門鎖故障，雞雞歪歪的小事不斷。

也無所謂啦，兵來，將擋，水來，土掩，你壞，我修，每天狗照哭、人照睡。拎背冇累岔曉伊。

直到那天早上，Bob Dylan 正捏著鼻子唱〈敲天堂之門〉時，音響突然出現幾聲「嗡，嗡」怪響。拆下電纜檢查，看不出個名堂，再裝回去，「嗡」了比較大的一聲之後，居然萬籟俱寂了。

這下火了，我唯一的娛樂耶。

於是一整顏色，拱手作禮，對著空氣朗聲說道：「眾家兄弟，出門在外，若有得罪之處……」

好啦，好啦，其實沒那麼文雅，我說的是，「&*#%@!^，你們覺得這樣很好玩啊，無聊！」

罵完之後，偷偷再摁一下按鈕，「&*#%@!^」，還是沒聲音，泰國鬼聽不懂我在罵什麼。

罵不出名堂，只好送修，還能怎麼辦？

還好正巧有新加坡朋友要來曼谷過年，就託她把搬家後還留在那邊的一套音響帶來。朋友除夕前一天到。那套 Nakamichi 音響跟了我快二十年，麻雀很小，五臟都有，電一插，又有音樂了，一樂之下，就有點挑釁地對著空氣說：「有種，你們再耍耍看。」

晚上回家，照例先開音響。

咦？沒動靜，再摁，還是不行，又摁，照樣八風不動。嘿，是可忍，孰不可忍？我梁某人好歹也是條……嗯，ㄟ，啊……漢子呀。這樣，無乃太過乎？

好，老子全面宣戰。

音響剛壞的那天，正好有事和台北作家忽忽聯絡，過去讀她的文章時知道她有些「異能」，就隨口提起家中有怪事，以及對面有醫院，河岸有寺廟，每晚有狗哭……等等。

忽忽立刻很專業地說：「醫院跟水邊確實遊魂最多，不過沒關係，正好除夕到了，可以作作法清理一下。」

作法？怎麼弄？

「灑陰陽水，燒艾草啊。」

陰陽水要滾水、冷水對半，裡面放七粒米。（七粒？是宋七粒傳授的？有效嗎？）

滾水、冷水，這個我懂，滾水用燒的，冷水？滾水加冰塊不就變冷水了。但是七粒米就麻煩了，我不開伙，買包飯吃剩七粒，行嗎？

結果當場被忽忽仙姑棒喝，「別這麼懶，飯不行，要一包新米，用不完的可以布施啊。」真是一語驚醒夢中人。其實人世間的事本來就沒那麼多學問，只是時時需要仙姑點撥罷了。

艾草也麻煩，到哪兒弄哩？

掛電話給風水仙，說是曼谷唐人街應該有。說的也是，你瞧，真的沒那麼多學問嘛。

老實說，忽忽仙姑當時傳授陰陽水、燒艾草，我本是

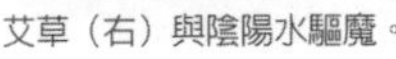

艾草（右）與陰陽水驅魔。

聽聽就算了，壓根不相信這種事情還能ＤＩＹ。

可是現在碰到這麼欺人太甚的鬼，我啊，決定全豁出去了。豁出去是一回事，真正要實行，又是另回事。

到了唐人街香火鼎盛的「龍蓮寺」旁佛具店，怎麼看都沒有長得像艾草的東西，問店員，怪了，這些泰國人雖然土生土長，可是泰文卻並不怎麼好呢，竟然聽不懂我說什麼哩。弄了半天就是不得要領。

讓我想想，艾草？好像是種中藥吧？

於是找了家顯然是華人開設的藥鋪，老闆是潮州人，我再發揮語言天才，泰、潮雙語滔滔不絕並出，結果對方這兩種語言也都不太靈光，聽不懂我說些什麼。

一急之下，智慧就出來了。我做出手舉艾草搖晃驅鬼的樣子，口中還念念有詞，「艾草，艾草，You Know？」

這下，老闆終於恍然大悟，擺出「你怎麼不早說？」的表情，走出店外「牧童遙指杏花村」告知我街斜對面就買得到。

所以啊，表達能力是很重要滴。不是嗎？

可是根據指示到了街對面，眼前居然是間頗有規模的油漆行。油漆行賣艾草？不會吧。

聰明的我突然明白了，原來那老闆把我舉艾草驅魔的動作解讀成「過年了，重新粉刷、油漆」。真受不了這些泰國人，泰文不好就算了，把梁大法師當成油漆工？這，也太離譜了吧。

這下糗大了，連艾草都找不到，要如何趕鬼呢？

正一籌莫展之際，突然眼尖發現正在拜拜的店家門口擺著一根長型、冒著黑煙的東西在燒，一問之下（這次學乖了，用英文），這玩意就跟狗撒尿劃地盤一樣的意思，店門前燒他一根，邪魔歪道就不敢來了。

這東西看起來是竹片外皮，裡面包著黑色類似橡膠的不知什麼玩意，總之絕對不是艾草，但是「管他黑貓白貓，會拿耗子的就是好貓」。於是立刻到不遠處的店家買了八根（取其叭叭叭叭叭叭叭叭，一路叭你上西天之意）。

回家之後換上黑色法衣，開始作法。

灑陰陽水的時候倒不覺有何特別，就是拿手指沾了水到處亂灑。口中念著仙姑傳授的「ㄇㄚㄇㄧㄅㄚㄅㄧㄏㄨㄥ!!!邪魔歪道盡退!!!!」也不知道他們到底退了沒？

可是一點燃泰國艾草，哇靠，真不是蓋的，氣氛就來了。

這玩意一點就著，火大、煙大，還有許多黑灰隨著火焰狂飆，立刻覺得陰風慘慘、鬼影幢幢，再加上我那「ㄇㄚㄇㄧㄅㄚㄅㄧㄏㄨㄥ」真言也隨著黑灰飛舞，搞得那些鬼吱吱亂叫、抱頭鼠竄，見到這個景況，我更是High到最高點，欲罷不能，愈喊愈起勁，有時真言喊得不順口，就變成「#$@%^&*你們他X的給我滾！」管他呢，意思到就好。

這個艾草節目還真過癮，床下、衣櫥都有給它熏，連馬桶蓋也嘛把它有掀開，盡情發揚黑色恐怖精神，寧可錯殺一百，也不可逃漏一個。

熏了半天，眾鬼還是吱吱亂叫，沒有減少的跡象。這才發現忘記開門，這樣，鬼要怎麼逃出去？《孫子兵法》（奇怪，為什麼不是老子，孫子懂什麼？）不是說「夫善攻城者，當留一孔使敵竄之」，孔子不是也說過「窮寇莫追」嗎？

於是把門打開，怒目圓睜，左手擺出一個「請」的姿態，昂首以「某乃常山趙子龍」的氣魄喝道，「擠什麼擠！一個個來，不要爭先恐後，否則別怪老子扯破臉祭出桃花劍，那就難看了！」

其實我哪有什麼桃花劍，嚇他們的。

這麼一折騰就到了晚餐時間，來不及驗收成果就得趕去曼谷「新聯誼會」的除夕聚餐，正好風水仙也參加，我就眉飛色舞地跟她述說驅鬼過程。哪裡知道她愈聽愈憂形於色，終於忍不住打斷我說道：「哎呀，陰陽水『灑淨』（瞧，這詞兒，多專業）跟熏艾草都有一定的程序、行進方向，哪裡可以像你這樣漫天亂灑，這樣，可能會有反效果喔。」

反效果?!那不完了，等下回家一屋子鬼等著跟我算帳，媽呀，還能混嗎？

總覺得那次的除夕晚宴結束得特別早，可是也只得硬著頭皮回家。

回到家，偷偷打開門，靜悄悄沒一點聲音，四下張望，沒半個鬼影。馬的，躲起來啦。

躡手躡腳走到音響前，一摁鈕，靠，居然有聲音了。

真不敢相信，趕鬼成功了，哇哈，梁大法師萬歲，哇嘎你拜!!!!

後記：

其實我還是不信邪，第二天研究了半天，發現音響根本從來就沒壞，而是時隔近四年，我忘了那套機器的操作方法，開機的時候，我以為是待機，待機的時候，我又以為已經開機。

但有時鑽進牛角尖，就是繞不出來。如此而已。

不過，我如果沒作法，也許也不會發現真相。是吧？

破褲

起床，抄起短褲正要套上，Mmmmmm……後面裂了一道口子，正好是口袋部位，可以看到口袋裡面的白色襯布。

還好，這意味著昨天在街上亂走，嘻，嘻，沒走光。

感覺挺好。又一條褲子鞠躬盡瘁退場。

前後應該至少有十五年了，這條褲子。

原先是長褲，三年前穿到褲腳磨損，於是拿到市場比手劃腳，請裁縫老太太改成短褲。二十五泰銖，一條應該報廢的褲子又變成新褲子，有什麼不好？

一九九六年到巴拿馬採訪，朋友送了件超棒的「My Name Is Panama」襯衫，全棉的料子，中南美風味設計，工極細、極講究，又好又耐穿，去年，衣領終於破損，我就把它交給老太太，花了三十泰銖把領子拿掉，當場變成件教士領襯衫，還是繼續穿。

兒子來曼谷看我，很喜歡那件襯衫，根本不知已是十二年的古董，就送給他。第二年暑假他和女友到古巴當背包客，寄了些照片來，穿的就是那件襯衫。

一件已經十三歲的襯衫，服務了兩代，真是物超所值。

裁縫老太太每次看到我都笑得很開心，然後跟左右店家嘰嘰咕咕，大家也都開心地望著我笑，因此多半是在說我吧。我猜是因為從來沒有「法蘭」（泰語『外國人』）會這麼頻繁地拿衣物給她修補、修改，甚至是因為也沒有泰國人會這樣做。

先前的泰國女友就曾經取笑過我很多次，「哎呀，麥拗撩（泰語『不要了啦，丟掉了啦』）」。她覺得已經這麼破舊的東西還要去補，實在很丟臉、沒面子。

有次她笑著承認，曾經偷了我幾件T恤，就是怕我穿著「那麼舊的衣服」上街。

還有次她看到我穿兩隻不一樣的人字拖，有點大惑不解。我跟她說，「肥遜（泰語『Fashion』之意）啦。」

後來實在拗不過，就老實承認有一隻左腳的那一隻壞了，於是跟另一雙的右腳配成一對，「一樣可以走路啊」。

她那表情好像我是火星人。

這也難怪她，普通的人字拖一雙泰銖一、兩百就有，壞了一隻居然還要留另一隻，簡直孤寒到結冰，害她一直搖頭，「昆呆丸（台灣人），唉。」

不好意思囉，給台灣人丟臉啦。

可是我就是沒法把它就這樣丟掉，明明是好的啊，兩隻不一樣，So What？穿起來多特別、多有個性，而且舊鞋才舒服啊。

到東南亞前後十四年，總共只買過三條長褲、一件T恤。

兩條長褲是因為大減價，加上也有需要，第三條是因為忘帶雨褲騎車遇雨淋濕，又要參加聚會不能失禮，只好臨時買一條，一件T恤是採訪時贊助示威群眾而買。

其他的衣服全是從美國帶來的舊衣。長褲穿破改成短褲的有四條。短褲則幾乎都已穿成頗流行的鬚鬚褲。現在有不少褲子故意「作舊」，抽鬚剪洞，我的，可都是渾然天成的唷。

有次送修隨身背包拉鍊，那個老闆說，「不值得修啦。」只好騙他說有感情的因素。其實哪有什麼感情，就是換個拉鍊才一百五十泰銖嘛，總好過再買

這條褲子鞠躬盡瘁退場。

個新的吧。

修好到現在又已經用大半年了，還在每天繼續服務，真划得來。

更重要的是，東西能夠用到盡，無論是用的人、被用的東西，應該都沒有遺憾了吧。

住在相對落後的地方有個好處，就是什麼都能修。

女兒有次暑假來，有雙鞋的跟壞了，想丟。這很自然，美國人工貴，誰修東西啊？都是丟了換新。

我要她暫時別丟，第二天帶她去找我熟悉的修鞋老師父，果然能修，才泰銖二十。她樂壞了，那是雙她最喜歡的鞋。

我的惜物羅馬，也不是一天造成的。這一路走來，其實也浪費了很多東西，現在就當作是贖債。

「惜物」是不是美德其實也因人而異。

我從小就會把還沒用完又不好抓在手裡的肥皂黏在新的上面繼續使用，從來沒人讚美過我，甚至還可能有人認為我是小氣、吝嗇。

已過世的台灣首富王永慶也這樣做，報紙就登、雜誌也寫、電視也播，都說他這麼有錢還這麼節儉。

能夠惜物的重要覺悟之一，是必須切實把任何東西都回歸到實用面，刀子就只是刀子，褲子就只是褲子，非關身分、無涉品味，只要還能用，為什麼要丟掉？為什麼要換掉？

「惜物」的養成跟「慎買」很有關係，買得小心自然會愛惜，因此我從小就教孩子要慎買，只有三句真言「想清楚，該買的一毛都不省，不該買的一分都不花」。

去年帶他們在美國公路旅行，一路觀察，很有成果，我很安慰，至少他們已經省掉了我經歷過的「買垃圾」過程。

我自己呢，到了東南亞的購物天堂——曼谷，卻幾乎沒有添購任何衣物，許多人覺得匪夷所思。

嘻，嘻，其實他們有所不知，到了這個年齡，我已不靠衣裝，靠的是氣質啊。

輯二

我走過的七〇年代

漸漸一身輕

「你最近都用什麼車呢？」

「公車跟兩條腿。」

「喔。」

這是那天掛電話給車行老闆，詢問寄售摩托車的狀況，得到已經有買主消息之後的對話。

那是我最後一件有份量的物件，五百多磅重，BMW一千CC機車。跟了我十二年，終於決心賣掉。

原先預計心裡會有些難過，但是沒有，反而是「終於」之後的輕鬆，價錢並不好，但那不是重點。

這陣子出門不是公車就是走路，感覺很好，看到的風景更多。

半年多前賣掉跟了我九年的吉他，把吉他裝入琴盒交給買主時，那位印度年輕人看到我眼眶發紅，很好心地說，「如果捨不得，我可以不買。」強忍住眼淚跟他說，「沒事，是把好琴。」

他和女友跟我道別時，很誠懇地說，「我會好好用它。」

是有點捨不得，那支吉他裡面有些記憶。但又如何呢？遲早要抹去。

也是半年多前，一直還在用 Window 98 的桌上型電腦出了問題，報廢之後就沒有再買新電腦，把出差用的手提電腦當桌上電腦用。一機兩用，省事多了。

兩個月前有朋友來曼谷，看到我家客廳裡兩個空空的櫃子，「你的書都放在房間裡吧？」

「我沒書。」

朋友的眼睛睜得滿大。

其實我有，兩本，一本放在床頭的《鮑伯．狄倫傳記》，很久沒翻了，以及放在衣櫃抽屜裡更久沒翻的《三國演義》。就這麼多。

已經很久沒讀書。

那兩個空玻璃櫃是因為關店才搬回家，否則連櫃子也不會有。

不少顧客問我，「你家裡一定有很多收藏吧？」真的沒有，牆上掛的就只是孩子跟我的照片以及朋友寫的三幅字。

其實還是有些無形的東西很難丟掉，就讓時間慢慢沖洗吧。

廚房的小窗

廚房有一扇小窗，居然成了生活的重心。

也不過就是平凡無比的小窗，兩片玻璃，吊著廉價的塑膠百葉。家裡其他的窗子都刻意經營過，唯獨這個小窗，從來沒想過要怎麼裝飾。

人在臥室的時候，多半是四仰八叉的睡覺，窗簾當然是拉下的。客廳有兩扇大窗，可是在家的時候，多是在電腦前孜孜矻矻，不堪螢幕反光之擾，窗簾也總是拉上的。浴室更不用說了，難道要春光外洩嗎？

這樣，就剩下廚房這扇小窗了。

早上起床，第一件事就是到廚房拉起窗簾，搞這個、弄那個，「天氣真好」或「要下雨了」，都在此刻立見分曉。

最可喜的事總是在冬天，窗簾一起，說不定就是白皚皚一片，雪花兀自飛飄，帶出無限想像。

從來就喜歡坐在窗前看雪，無風的時候，總也覺得似乎聽到雪花落地的聲音。起風的時候更是可觀，有些雪花竟是往上飄呢。雪停之後再看，一列足印迤邐而去，就不免惹人遐想，鄰家女孩去上班了？這種天氣？

離婚以後，經常自己煎煎炒炒，在小窗前的時間就多了。

小窗其實就是一幅畫，主題時時在變，彎著腰的老翁徐徐而過，高枝上聒噪的烏鴉振翅飛去，有時是雪花紛飛，有時是細雨綿綿，有時是炎陽高照，有時什麼都不是，就只是個方框框。

小窗的功用，落實了它的存在。孩子在公寓旁的小遊樂場玩，就得靠小窗聯繫，一會兒聽不見聲音，趕緊探頭，原來坐著休息呢。一會兒外面喊口渴了，就從小窗遞罐飲料，紅冬冬的小臉讓人看著歡喜。要不就是對著小窗吼，「回來吃飯啦」，兩分鐘之後門鈴就「叮咚」響起。

有陣子學習作陶，拉坯機就放在小窗前，滿頭大汗偶一抬頭看到窗外日影變化，就知道該起來伸個懶腰了。

後來不作了，拉坯機還是在那兒，還是常常坐在那個小凳子上，想些事情，或燃枝菸什麼也不想。如果沒有小窗，也可能就沒有這種情緒，誰知道呢？

在家的時候，多半是閒適的。有時卻也像坐牢，想念遠方的人，總要坐到窗前，縷縷思念才會從窗口逸出，飛呀飛的，也不知到飛到什麼地方？竟是無邊無際了。

孩子在家，不想他們受到二手菸污染，吸菸時就坐在小窗前，裊裊的煙以曼妙無比的姿態飄到小窗上的抽風機前，倏忽不見，菸味當然還在，孩子掀簾進來，接著就是，「爸爸討厭，又抽菸」。

日子久了，有時孩子不在，還是習慣取枝菸走到窗前，燃起時才醒覺並無必要，自己也覺得好笑。

車子的電瓶有陣子出了問題，又抽不出時間送修，時時需要充電，就從小窗拉條像臍帶的延長線出去，電，源源通過小窗注入汽車，心裡就自然踏實了。

很難想像沒有小窗的日子。

清邁窗花。

獨鶴

突然想整理房子。

多年以來蒐集的字畫、文物，在公寓小小的空間中已經氾濫成災。收拾的樂趣其實在於割捨。

人生的旅途，免不了沿途拾撿，不知不覺竟都成負擔，感情、事業、雜七雜八的身外物，莫不如此。

年輕時蒐集搖滾樂唱片，龐龐然三千多張，顛沛流離時也拖著跑，還得帶著更重的音響，一點也不嫌煩，其實不過就是炫耀廣博。

有那麼一天想通了。廣博又如何？三千張全部進了紐約格林威治村的舊唱片行。

書，也是一樣。大學時就有整面牆，總是把讀不懂卻最受推崇的擺在最顯眼位置，生怕別人看不到，談論起來則是高來高去，卻唯恐別人聽懂。其實被稱讚有深度的時候，倒是心虛得很。

有那麼一天，突然好像懂了。一車、一車的書，全部進了光華市場，還包括了自己的作品。

Freedom Is Just Another Word for Nothing Left To Lose

就業以後，為了工作蒐集大量新聞資料、剪貼報紙，小水不意流成大河，累積到一定程度，找都無從找起。也是有那麼一天，全都請去聽垃圾車的〈少女的祈禱〉。

割捨，當然也不免遺憾。

走在街上，不知道哪裡飄來熟悉的樂聲，一下子被拉進記憶裡。某張臉孔、某個晨昏，悄悄自腦際浮起。回到家裡再努力地想，卻總也無法想得周全。

中年之後，時常不經意憶起年少輕狂往事，清純初戀情人的影像，老是偷偷襲上來。總想有那麼一天，也許在街上不期而遇，彼此感嘆鬢髮已霜。但此種場景也好像只有電影才有，現實生活裡，出現的機會幾乎是零。何況，見到又如何？再輕狂一遍嗎？

《齊瓦哥醫生》最後的場景，兩鬢飛霜的齊瓦哥在擁擠不堪的公車上，一眼瞥見因戰亂分隔、朝思暮想的情人走在街上，車子不停，情人愈走愈遠，好不容易排擠下車，一聲「納娜！」還未出口，卻心臟病發倒斃街頭。眾人擁上圍觀，情人卻愈走愈遠。那種遺憾，又豈是言語可說。

割捨吧，有時也難。

某次行經某個隧道，瞥見某無家可歸者，推著裝滿衣物的購物車，還背著黑色的大垃圾袋，裡面想必也是裝著必用品，彎腰、吃力的走著。

他應該是最無負擔的人，大地為床、蒼天為幕，還有什麼比這更自在？卻大包小包馱。

多年前，近代中國文壇巨擘張愛玲孑然一身死在洛杉磯的公寓裡，家中空無一物，就這樣直挺挺的躺在客廳地板上，很多人對她這種孤絕的死法感到淒涼，我卻覺得很美。

有首歌的歌詞，「Freedom is just another word for nothing left to lose……」。

我私心裡猜，張愛玲恐怕是徹底自由了。

對她而言，名聲、財富、榮華、情愛，全都已是過眼雲煙。唯有這樣，才能像她那樣一無所有過生活，才能像她那樣不拘形式的死。她明知要嚥氣的那刻，有否發出一聲輕輕的嘆息？還是如獨鶴般遠去？

家中有副遠方友人送的對聯，「林間葉落千家出」、「天外雲閒獨鶴飛」，另外有幅舊貨店買的刺繡，繡的是不知從哪裡飛來的鶴。

清理了半天，唯獨捨不得這三樣，而且配得正好，所以留在牆上。

特別喜歡「獨鶴」這兩個字，「孤鶴」怕是遭群所棄，「獨鶴」卻是離群獨飛，其中的意境，相差不可以道理計。

獨鶴，飄然一身，是怎樣的境界？張愛玲也許知道了。

塵封在舊皮箱裡的歲月

每年的這個時候
湄南河就開始漂流很多浮萍
愈來愈多……愈來愈多……
有時堵在某個地方
厚到你覺得可以行走其上
常常望著思想自己萍寄一生
就這樣晃晃悠悠的過……
有一天也會像湄南河景
突然
浮萍就全消失了
河還是照樣流……

人的一生中，多多少少有某個階段、某個記憶跟某些聲音是有連結的，每當那個聲音響起，黑白的也好，彩色的也好，一些畫面就開始浮現眼前。

或者，在某些特殊的情境之下，那個聲音很自然地會從身體的某部分跑出來、浮上來、脹起來，愈脹愈大，愈脹愈大……，終至將自己暫時淹沒，沉入深深的回憶裡。

有時，幾至不能呼吸。

於我，〈舊皮箱的流浪兒〉就是這麼一樣東西。

它在我的生命中有很深很深、很舊很舊，發黃甚至發霉的印記，像化石一樣嵌在很幽暗滿布青苔的地方。

而這是塊屬於我自己的化石，不會輕易讓任何人去翻弄、發掘。

那時的我才十七歲，嚼檳榔、穿木屐、歪著頭噴香菸，看誰都不順眼。

然後，我的身體上開始有了印記，然後，學會了第一首大夥兒一起唱的台語歌——〈舊皮箱的流浪兒〉。那種自我感覺良好的男子漂泊命運，開始成為生命中似乎必須走下去的路。

那段時間，所有事情都以很快的速度進行，眼花撩亂、刀光血影的快。

然而不久之後發生的事，讓我不得不告別那個歲月，把那段時間暗自放進一只舊皮箱裡，深深地埋進生命中月亮陰暗的那一面，不再輕易去觸碰。

那時發生的很多事情，甚至直到現在，連我至親的人都不十分清楚，雖然很想忘記但

浮萍有時堵在某個地方，厚到你覺得可以行走其上，幻想著自己萍寄一生，就這樣晃晃悠悠的過……

卻不能而常常在夢裡驚醒。

〈舊皮箱的流浪兒〉，一直還跟著我。

離開著阮故鄉
孤單來流浪
不是阮愛放蕩
有話無地講
自從我畢業後找無頭路
父母也年老要靠阮前途
做著一個男兒
應該會……來打拚

手提著舊皮箱
隨風來飄流
阮出外的主張
希望會成就

不管伊叨一項也是做工
爲生活不驚一切的苦勸
做著一個男兒
應該會…來打拚

看見著面頭前
已經來都市
他鄉的黃昏時
引人心迷醉
故鄉的親愛的爸爸媽媽
請你也不免掛念阮將來
做著一個男兒
應該會…來打拚

我那當兵的日子

三年前，兒子滿十八歲的時候突然掛電話給我，說是來曼谷看我時可不可以不要經過台北。

「為什麼？」

「我怕被抓去當兵。」

我跟他說當兵其實是很好的經驗，也不過就兩年而已。他不肯，所以只好幫他作了不用當兵的「僑民」身分。

我是一九七四年當的兵。

當時因為操行成績不夠，不能考預備軍官，沒想到卻讓我得到更難得的經驗。

其實我作夢也沒想到會被徵調當憲兵。

我的印象裡，憲兵是很嚴格挑選的兵種，不但講究身高、體重，早期聽說還是要跟「蔣公（蔣介石啦）」一樣的浙江人，後來條件慢慢放寬，但也要身家清白的外省人。我身家清白也是外省人，但是我的操行成績不好啊，怎麼會要我當憲兵？

而且一般大專畢業生考不到預官就當大頭兵，但是憲兵卻例外，我們當的是預備士官，真是賺到了。

結果去五股鄉憲兵學校報到後，才發現我的條件還不錯呢。我的那一梯次總共有兩隊，夯不啷當近兩百人吧，那真是高矮胖瘦歪七扭八什麼人都有，我還記得有位很胖的，每次單槓引體向上，弄得臉紅脖粗兼咬牙噴氣，就是一個都拉不上，到結訓時都如此。另位是我在文化學院的好友，他瘦巴巴卻駝背凸肚，從側面看過去就是個「S」型。

但最有意思的莫過於隔壁隊的一位奇人。

我在開訓不久之後就聞其名，說是個超級怪卡。他的名字叫陳ㄨㄟˇ。當年中華籃球隊有位中鋒帥哥名喚程偉，長得又高又帥，風靡全台。所以我初聽陳ㄨㄟˇ名，直接聯想到的就是帥哥程偉。

哪想到真正見到陳ㄨㄟˇ之後，竟是位貌不驚人的瘦小個子，我再定睛一看他的名牌，原來他的名字是「陳尾」。

這位又瘦又小的陳尾在憲兵學校受訓時的表現，拿今天的詞來形容，真是「屌爆了」。眾所周知，憲兵是沒有近視眼的，當然也不准戴眼鏡，同時穿軍服時不能把扣子扣到最上面一個。但是全中華民國憲兵只有陳尾一個人敢。

我第一次見到他就是在兩隊合堂上課的場合，陳尾自己一個人坐在最後一排（他那麼矮，坐最後一排？），戴著副眼鏡，草綠軍常服像教士一樣扣到咽喉部位，堂上教官嘶聲力竭在講課，他老兄充耳不聞在那邊讀英文（陳尾是英文系畢業），還讀出聲。你說屌不屌？

有次陳尾半夜站衛兵，班長被電話鈴吵醒，睡眼惺忪跑到中山室，看到陳尾雙腿夾著槍在讀英文，電話在一旁響個不停。

班長一火，怒斥：「陳尾，你怎麼不接電話?!」

陳尾立刻「喀」的一聲持槍靠腿敬禮，「報告班長，電話有電！」把班長氣得眼都歪了。

還有次半夜緊急集合，大家磬拎匡啷抓槍搶鞋跑到操場集合。突然一陣騷動，「有人提槍衝出校外了!!」

這邊廂趕快派人追出去，結果抓回了陳尾，他還一副「是按怎啦？」的表情、理直氣壯地說：「敵人在外面呀!!」馬的，整操場的部隊就靠他一個人保護。

打野外單兵教練時，陳尾從來不像其他人一樣灰土滿臉打滾、匍匐，而是煞有介事背著雙手在那邊「視察」。你能說他不屌嗎？

總之，長達兩個月（可能不止，不記得了）的受訓期間，陳尾真的為大家提供很多娛樂。

我一直相信陳尾是裝瘋賣傻，希望能夠退訓，憲校雖然拿他沒辦法，但也沒中計，仍然讓他結訓，然後把他派到憲兵司令部伙伕班。我常常忍不住想像陳尾戴著眼鏡、在一屋子忙亂熱烘烘的廚房裡，一個人靜靜坐在角落讀英文的畫面。

憲校受訓後我被抽籤分發到嘉義山仔頂當軍中憲兵，那是我軍中生涯的最低潮。憲兵，都希望被分發到譬如總統府、指揮部等單位，可以穿著帥氣的制服站崗、巡邏。軍中憲兵？除了特殊情況，平時就跟一般大頭兵一樣穿著草綠服。

唯一可堪告慰的，嘻嘻，就是山仔頂坡下有個小理髮廳，那對姊妹花皮膚水白、清秀可人，真美啊，每次我去，她們都好像說好似的「一起上」，一個幫我理髮，另個幫我擠青春痘。我臉上後來的坑坑疤疤，就是這對姊妹花的傑作，雖然毀了我一生，想起來還是甜滋滋。

這段軍中憲兵歲月並不長，幾個月而已，我就又被調回憲校接受外事訓。其實陳尾如果不搞怪，他的英文能力，是應該有機會當外事憲兵的。

外事憲兵在憲兵裡算是驕兒，派駐的都是諸如美軍俱樂部之類涼而爽的單位，名牌也跟一般憲兵不同，是黑底金字，還要有英文名，掛著那樣的名牌，很自然就會挺胸，生怕別人看不清。

我那時給自己取了個頗別致的英文名，就是把當時蘇聯總書記布里茲涅夫

（Brezhnev）的名字拿來切掉一半的 Brez。

外事訓比入伍訓輕鬆得多，主要是訓練英文能力。訓練期間最值得記述的就是當年「蔣公」去世。

我記得很清楚那時正是清明節假期，前一天晚上我在石牌家中辦舞會，散會後送人回民生東路社區，突然之間飛沙走石，很短時間又煙消雲散回復平靜。

第二天一早，我和同梯次學員約在西門町看勞軍電影，演的是《教父》。散場後我們在街邊咖啡廳吃早餐，卻看到很多人在搶號外，我們也去買了一份，才知道正是在昨晚天象突變之際，蔣公去世了。

這下非同小可，我們都立刻自動銷假，趕回憲兵學校待命，還真有「國家命運在我們手中」的悲壯感呢。

後來，憲兵司令部來校挑選蔣公移靈時的禮兵，我也被選中。

移靈當天，周聯華牧師帶頭的靈車從國父紀念館一轉出來，突然，路兩旁成千上萬的群眾集體跪下，一片寂靜，只聽到隱隱的啜泣聲，我站在那邊，眼淚忍不住就流下來了。

後來讀到報紙新聞，有些前來採訪的外國記者居然問百姓是不是得到什麼報酬才來哭。

外事訓完了之後，我被派到高雄憲兵隊。這又是外事憲兵裡最菜的單位，最好的是大

左：我和星光部隊。
右上：我在高雄憲兵隊。

直美軍俱樂部，有吃有喝還能買免稅進口貨。可是我這人從來沒抽好籤的命，每次抽獎，都是看人領獎。

那時美軍顧問團已撤，高雄方面大約每個月只有一艘美軍軍艦靠港，只有靠港的那幾天，我們必須去「海龍俱樂部」值勤，和美軍憲兵一起上街巡邏，平時就都待在高雄憲兵隊隊部，和其他憲兵一起作息。

不過，我很快就又走運了。

那一年，新加坡的星光部隊開始借用台灣的場地訓練，高雄憲兵隊派出一位浦姓的老外事士官長進駐斗六梅林的新加坡砲兵部隊。

這位浦士官長年紀雖大，卻是花花公子一名，每到假期，就見他打扮得光光鮮鮮笑瞇瞇上街玩耍，都要到收假最後一刻才回隊部。這樣的他，哪裡受得了梅林那種鳥不生蛋的鄉下，所以去了沒多久，他就找盡藉口調回隊部，同時推薦我去接班。

結果，這長達一年的時間，卻成為我「從軍樂」裡最精采的篇章。

我最記得第一天去報到，就是到高雄港去押運一門從新加坡運來的一五五釐米大砲到斗六。

當天晚上那輛夜行火車上，除了司機，就是穿著軍用憲兵呢大衣、全副武裝的我。靠，還真他馬的風蕭蕭易水寒呢，明明沒事，我也不時煞有介事地在車上巡一巡。我想，那天晚上，萬一有任何動靜，管他是什麼，我應該都會舉槍射擊來「保家衛國」。

由於斗六沒憲兵隊，所以我獲得授權到嘉義憲兵隊找一名憲兵帶過去，我們兩個就是斗六最大的，而我還是他的長官。更炫的是，梅林的我方砲兵部隊還受命派一輛吉普車及專用司機給我，司機是位老士官，有次偷偷把我拉到一邊，說：「為什麼這些新加坡的軍官老說『發球，發球（FxxK You）』？」

所以我就如此這般成了斗六有車、有兵的下士「憲兵司令」啦。

我們那時住在梅林我方砲兵營區裡，也跟他們搭伙，但由於整個營區借給星光部隊，我方只有少數必要人員留駐，駐地負責官員要求我們跟他們一起作息，參加早、晚點名，但是我獲得的指示是「不用理他們，你在那邊，就是代表憲兵司令部」。

所以我就跟駐地官員說：「我們在這邊有特殊任務，不可能配合你們的時間。」其實都是胡扯，每天還不都是跟他們一起吃飯，不過他們也再沒有提任何其他要求。

我那時的薪水是八百元台幣，星光部隊另外再加給我八百元，結果我的薪水比當預官還高。

最爽的就是每個月只需要穿三天制服，其他時間都可以穿著便服四處進行「特殊任務」。我還記得常常一個人跑到山澗裡游泳呢，也常常一個人到處遠足做「田野調查」，或者在鄉間冰果店跟村姑聊天。

為什麼要穿三天制服呢？

那是因為每月有一次要負責帶整個星光部隊砲兵營從梅林南下恆春，跟在那邊受訓的新加坡步兵聯合演習，前後三天。

那時都是夜間行動，我一個人坐輛吉普車前行，整個星光部隊車隊及砲車跟在後面距離大約一、兩百公尺，遇到較繁忙的十字路口，我就下車交通管制，讓車隊通過。通常是晚間八時左右出發，清晨六、七點到車城，由當地我方海軍陸戰隊接手把部隊帶往演習場，我則在車城他們的駐地休息，第三天再把部隊帶回梅林。

新加坡部隊裝備精良，那個時候就是每人配置M16步槍，長統軍靴，刺刀很帥氣地掛在胸前，披著迷彩布的鋼盔上一圈寬帶橡皮筋，上面很牛仔地夾著一包菸。

可是呢，他們都是少爺兵，連平時吃的食物，都是新加坡空運來的。這些少爺兵根本沒有我們大頭兵那種什麼「槍不離身」的觀念，上車都是一窩蜂把槍先丟上車，然後人再爬上去。夜間行軍更是他們的苦差事，中途必須多次休息，喝水、消夜。

但即使是這樣，還是出了不少事。

最嚴重的一次，是在台南新市陸橋，幾輛運兵車因為司機睏著翻了下去，我聞訊調頭趕去時已一片火海，那次好像死了三個人（真的忘了）、燒傷很多，軍方立刻派了直升機來運送傷者，我還記得一具焦黑屍體抬出時經過我身旁，只剩下一大塊軀幹。

還有一次，整個龐然大物的一五五榴彈砲車竟然衝入嘉義附近一個水塘裡，最後不得不找當地的消防隊幫忙，把水塘抽乾，再動用了好幾輛吊車，才把大砲吊出來。

最有意思的，是有次帶部隊回駐地經過台中。

那次很奇怪，以往都是夜間行軍，那次忘了為什麼是白天行軍，結果弔詭的是，夜行軍都沒出事，白天視線良好，反而出事。我後來想，夜間人車稀少，不像白天人車雜沓容易分心，可能是原因之一。

一般來說，行軍都會繞過市區，結果那天不知撞了什麼邪？我竟然把整個部隊帶進了台中市區，更離譜的是，居然在慌亂中把車隊、大砲帶進了一個眷村。

那天正是傍晚時分，部隊在狹窄的眷村馬路裡繞了大約半個小時才脫困。

我永遠忘不了那些坐在板凳上，搖著扇子在門口乘涼的老先生、老太太睜大眼睛張目結舌的表情。

星光部隊說的是美國人都聽不懂的Singlish，裡面又有一堆皮膚黝黑、大鬍子、包著Turban（頭包）的印度兵。他們一定以為外國部隊攻進來了。

我當兵生涯結束前的一年，就這樣多采多姿度過，事後回想，一點不覺浪費。

我走過的七〇年代

一九七六年忘記是幾月了，我從軍中退伍，做了件朝思暮想已久要做的事——開一家搖滾簡餐廳。

動機很單純。服役時一有休假就回台北，到文化大學（那時還叫「文化學院」）好友王威寧擔任ＤＪ、位於西門町中心西寧南路，當時生意火紅到夜夜爆滿的「青蘋果」鬼混。

也不能算鬼混，因為我很少像其他顧客一樣坐在店裡，而是自我感覺良好地待在播音間。播音間跟店內大堂隔著層透明玻璃，也看得見外面的狀況，但那種「老子跟你們不一樣」的感覺，就不是外面的人所能了解。

「青蘋果」的音響很好，我記得好像是Marantz，有兩個唱盤。

那時的ＤＪ工作很簡單，就是在兩曲交接時把前一首音量漸漸減弱，後一首音量漸漸加強而讓它天衣無縫就行啦，或者在某些段落加強或減弱音量做效果，大家比的，是誰聽的音樂比較「高桿」，不像現在的ＤＪ要歪戴著帽子，穿著快掉下來的鬆垮長褲，動作誇張地把唱片轉來轉去。

我每次看到「現代ＤＪ」那樣折磨唱片，都滿心疼。

我們的那個年代，唱片跟寶一樣。

王威寧是個文質彬彬的老菸槍，常常可以見到他戴著深度金邊近視眼鏡，噘著嘴專心一意吹唱片上的灰，連用唱片布擦，都有點捨不得。

那時的「青蘋果」充滿青春活力，螢光燈照出各種迷幻的色彩，音樂震耳欲聾，大堂上方還有個七彩舞台旋轉燈，播放某些特定音樂時，更有紅色警車燈哇哇作響，女侍基本上都是大學工讀生，端東西送往客人桌上時，手上轉著螢光燈下花白白的毛巾，真是帥呆了。

總之，我那時就下定決心，要開一家這樣的搖滾簡餐廳，又有錢賺，又可以把馬子，多好。

退伍後跟家裡拿了二十萬台幣作資本，另外兩位從小玩伴湊了十五萬，就開始做老闆了。

這樣的資本當然無法開成像「青蘋果」那樣的規模，也不太容易在台北上路。

我在高雄找了個感覺很不錯的地點，原先是小酒吧，雖然在二樓，可是正好位於鹽埕鬧區咽喉，頂讓費也不貴。

可是接手之後不到一星期，就發現自己真是涉世不深，上當了。

原來緊鄰店旁，我原來認為是發財契機的一大片停車場，竟然開始動工建大樓，原先的「加分」當場變成「減分」，鋼筋、磚石建材把店前的走道堵住，所有原先應該要經過店前的人，全部繞道而行。

我這才醒悟為什麼頂讓費這麼誘人？可是已經來不及了，只好硬著頭皮幹。

我把店取名「新港（Newport）」。

我覺得取得很好。因為當年的「新港音樂節」在民謠、搖滾史上有很重要的地位，巴布・狄倫（Bob Dylan）於一九六三年應民謠天后瓊恩・拜亞茲（Joan Baez）之邀在「新港音樂節」上演唱他那不朽名曲〈Blowing in The Wind〉，一舉成為民謠界巨擘。

一九六五年時，狄倫在「新港音樂節」舞台上用電吉他演奏，被民謠的死忠基本教義派大開汽水，更氣得主辦者之一、民謠界大老彼得・席格（Pete Seeger）威脅要用斧頭把電纜砍斷。

可是，這次卻是狄倫跨越民謠走向搖滾的重要分水嶺。

狄倫那次在噓聲、掌聲交纏中用電吉他表演了〈Maggie's Farm〉、〈Like A Rolling Stone〉、〈It Takes a Lot to Laugh. It Takes a Train To Cry〉，然後有點不爽地下台而去。

不過他隨後又在彼得・亞洛（Peter Yarrow）的要求下重新上台，用木吉他唱了名曲〈Mr. Tambourine Man〉和帶有告別意味的〈It's All Over Now Baby Blue〉，之後有長達三十七年的時間絕跡於「新港音樂節」，直到二〇〇二年才又上台表演，可是卻似乎別有含意地戴著假髮、假鬍子。

王威寧也認為「新港」這個名字取得很好。可是也就只有我們兩個自己孤芳自賞，因為後來有好幾位客人跟我說，從外面經過看到招牌，常常會聯想成是賣「新港飴」的店。

我在開店之前，其實對搖滾樂並不算很內行。因為最早期開始聽西洋音樂，也跟那時幾乎所有的年輕人一樣，聽的都是流行音樂。

有次回台北跟小時玩伴聯絡，跟他說我要去台北聽巴布．狄倫演場會。他說：「那是誰？灰狼（Lobo）、尼爾．戴蒙（Neil Diamond）我就知道。」

沒錯，那時的年輕人，很少有不知道灰狼的那曲〈Me and You and A Dog Named Boo〉的。

我比他好一點，那時已經聽了些巴布．狄倫、「深紫（Deep Purple）」、「詹姆斯黑幫（James Gang）」……的東西，但並不是很有系統在聽。

現在自己開店，那就真是打鴨子上架，硬碰硬了。

高雄聽搖滾音樂的環境不輸台北，七賢三路一帶酒吧林立，有很多翻版唱片行，我每次去都買一堆，熟到唱片行的那對姊妹花都經常跑來店裡。

由於開店的資本很緊，很多店內的裝潢都自己來。要嬉皮，哪有比自己動手還更嬉皮。

的？我跑到專門賣拆船貨的街上找到螢光燈，再去買了螢光漆，就在店裡的牆壁卯起來畫。反正是自己的店，愛怎麼弄就怎麼弄。

那時畫得最得意的就是占了整面牆的 James Gang 和 Status Quo，自己愈看愈覺得氣勢磅礡，感覺十分良好呢。其實說「畫」是有點心虛，只是把唱片封套畫格子照比例放大而已啦。

另外，我在對著街的窗子上畫了 Desire 唱片封套背面的巴布．狄倫。背心，半敞的襯衫，露出胸前的鍊墜，若有所思的狄倫，就成為「新港」的店招。

這個時候的狄倫，在我心目中是

占滿整面牆的 Status Quo 樂團螢光畫。

他最好的時期，也是從他於一九六三年出道以來，第二次創作高峰。

那時的狄倫，經過車禍、創作低潮、與莎拉的婚姻逐漸走入絕境，早已不復初始時的青澀，而是波西米亞得一塌糊塗，作品不失單純本質，但表現的方式卻極其繁複動人。Desire裡面的Hurricane和Joey都是引發爭議的傑作，其他如〈Isis〉、〈Mozambique〉、〈One More Cup Of Coffee〉、〈Oh, Sister〉、〈Romance in Durango〉都是傳世傑作，押陣的〈Sara〉更是千古絕唱，我私心裡最動人的情歌。

只不過包括「新港」的開設地點、一般人無法產生正確聯想的店名以及店內裝飾壁畫，還有包括自己在搖滾樂上自以為高人一等的心態，從開始就注定「新港」必定走向失敗。「新港」開張之後，我才深深體會到理想與現實的巨大差異，也才嘗到不跟現實妥協的苦果，但是始終改不了。

那時到店裡來消費的人，絕大多數都是高中的小太保、太妹，他們根本不聽什麼搖滾樂，我的店全名叫作「新港民謠搖滾中心」，但是在他們的理解裡，搖滾就是節奏強的跳舞音樂，他們理解的「搖滾樂」是那時頗為流行的K C and Sunshine Band、Michael Jackson……等等，在我們這些自以為「高桿」的DJ眼中完全不入流的幼稚音樂。

我每次接到類似點歌單，就往旁邊一放，他們來催了，我居然會對他們說，「我沒有這些曲子，你們要聽，到別家去。」這樣，怎麼做生意？

幾次以後，有很多顧客就不來了，更糟糕的是，有一批為數大約六、七名小太保、太妹，因為「新港」的生意不這麼好，反而把我的店當作他們打混的基地，沒事就來窩，一來就是大半天，嗑了藥之後東倒西歪，搞得別的客人都不太願意來。可是他們也照付錢，總不能趕人呀。

那時的「新港」，只有美軍軍艦靠港時生意好，可是一個月只一次，頂多兩天，「新港」就每個月只客滿兩天，平常真是門可羅雀，苦撐待變。

不過，那段時間倒是我自己聽搖滾樂最密集的時間，從登堂到入室到專心研究，全都擠在那一年。

那時有幾個人對我影響頗大。

有天店裡生意照常冷清，一位客人悄悄進來坐在很角落的地方，我已經習慣不理客人放自己喜歡的東西，記得是 King Crimson 的〈Epitaph〉。樂音一落，黑暗的角落裡竟然響起孤獨有回音的掌聲，滿臉鬍渣子的「大正」從陰暗處走出來。

「大正」原先是高雄已經頗有名氣的「滾石」（看，人家的名字起得多好）的ＤＪ，但是他有些個性，對另外的ＤＪ有些意見，就辭職不幹。那天是瞎打誤撞到「新港」。我們一見如故，「大正」主動提議免費做ＤＪ。我得此幫手當然大樂，更樂的是「大正」把他女友「藍萍」（呵呵，跟江青同名）也帶來充當免費女侍，只要我提供吃、喝即可。

隔沒幾天，「藍萍」跟常來店裡的幾個小太妹也混熟，居然說服她們也免費工作，我就把原先雇的人辭退，省掉一大筆開支。

更重要的是，「大正」真的對搖滾樂很內行，經過他的介紹，我又接觸不少新的樂團。那時店裡常放的音樂有 Yes 的〈Roundabout〉，Uriah Heep 的〈July Morning〉，James Gang 的〈Funk 49〉，Deep Purple 的〈Soldier of Fortune〉……等等，當然像 Eagle 的〈Take it Easy〉、〈Hotel California〉都是少不了的。

一般說來，「大正」喜歡的音樂節奏感較強，我則比較偏重於旋律，兩個 DJ 互補有無，還確實給「新港」帶來特色，在業界闖出一點名聲，那時高雄最出名的搖滾 DJ，「滾石」的「阿逗仔」就常常在有空時來「新港」坐，只不過對提升店的生意並無幫助。

又有一天，一位穿著海軍制服的也是悄悄進來坐在角落，不一會兒送來點歌字條，我一瞧，Talking Head 的〈Love-à Building on Fire〉，這是啥玩意？就請「藍萍」去告訴他，「對不起，你點的歌我們沒有，可以換一首嗎？」

後來條子又送來，Traffic 的〈John Barleycorn Must Die〉。我頭都昏了，連被點兩首沒有的歌，還能混嗎？然後又來了，Roxy Music 的〈Remake / Remodel〉。

我面紅耳赤，真的快瘋了，這人是來「踢館」的嗎？

我決定不理他，就只管放我自己想放的，他坐了大約兩個小時，走時過來謝謝我，我就請他坐下來聊，才確定他並不是來找碴，而是真正的搖滾樂迷，只是大家路數不太一樣罷了。

第二天，我就跑去唱片行，把這幾個樂團的唱片全買了，一聽，哇，還真的都是好東西。

他當年在海軍服役，後來常常有空就跑來店裡坐，很多時候是從部隊裡偷溜出來的。我還記得他的名字，向子龍，很多年以後，我在紐約採訪「江南命案」，認識了他的哥哥向拔京，又很多、很多年以後，我回台北報社開會，晚上同事帶我去一個「文化人很喜歡的餐廳」。

到了餐廳門口，我一看餐廳名字，「談話頭」。進了餐廳，布置得相當有特色，店裡放的是搖滾樂，正納悶著，就看到向子龍從樓上走下來，原來他就是「談話頭」的老闆。

我第一次嗑藥、第一次吸大麻，都發生在「新港」。

吸大麻之後聽音樂，真是永遠難忘的經驗，音樂很詭異地變得美好清亮，身體似乎變成一個巨大的身歷聲音響，感覺上音樂並不是自外而來，而是從自己的身體發出去，而且很奇怪的是，周遭的人聲吵雜卻全都像海潮一樣漸漸退去、遠去。這點，我一直沒想通過。

其實在那次之前我已吸過大麻。

那是有次美軍靠港，來店裡消費的美國大兵一定以為我很有辦法，要我帶他們去買大麻。

我哪有門路？硬著頭皮帶他們到七賢酒吧街，才問了第一家，就有兩個看門的小弟說有，然後叫了計程車上壽山公園，兩個人神祕兮兮掏出一根大麻點燃給我們輪流「驗貨」。

我不知道大兵跟他們買了多，但記得兩個混混給了我在當時是相當大筆數目的美金二十元小費。

回到店裡，大兵把「戰利品」分給在店裡的其他大兵，也分給我一支，吸完之後大家大眼瞪小眼等「效果」，結果一點反應都無，才知受騙。我到現在想起那些大兵失望的眼神，還覺得頗歉疚。

「新港」苦撐了一年最後還是無以為繼，收掉之後帶著頂讓所得十二萬台幣到台北，第一件事就是買了套 Marantz 音響及一堆唱片，然後才開始找事。

從一九七七到一九七八年之間，我幹過航空貨運跑機場小弟、保險推銷員、電子錶推銷員，在一個偶然的機會下租了公賣局商展攤位賣玩具、毛衣，開始了跑攤買賣生涯，前後有一年的時間。

一九七八年中，為了不甘心把賺來的錢都送給房東，我開始擺地攤，一天擺三場，早上天未亮就起床趕往菜市場做買菜主婦的生意，中午趕往四平街做女性上班族午餐休息的生意，晚上就到士林夜市、公館夜市或南京西路新光百貨前擺攤。真的很辛苦，還被警察抓過好幾次。

我最記得有次在士林夜市擺攤，那時已在房地產界嶄露頭角的堂妹正好逛到，她蹲下把弄我擺賣的飾品，口中說道：「感覺好奇怪唷，我一個高商畢業生在公司上班，你一個大學畢業生在擺地攤。」我只能很尷尬的硬擠笑容，恨不得有地洞可鑽。

在那段為生活奔忙的日子裡，每天拖著疲累的身子回家，沖個澡，把音響打開，再把唱片放上唱盤聽搖滾樂，就是最大的享受。

這個習慣，幾十年沒變。變的是，我聽得進耳的樂手愈來愈少。這麼多年來，我的唱片或音樂碟片、影碟，從最高峰的四千多張一路丟捨到現在不足一百片，樂手或樂團也只剩下狄倫、尼爾・楊（Neil Young）、艾瑞克・克萊普敦（Eric Clapton）、「談話頭」（Talking Head）、「深紅王」（King Crimson）、「瞎瓜」（Blind Melon）、艾爾文・李（Alvin Lee）、「高山」（Mountain），以及一些黑人藍調歌手。

很久了，我也已經不再買新的碟片，因為我對搖滾樂的愛好一直停留在那個年代，新世代的音樂對我沒有任何吸引力。

我不確知到了最後，會不會連一片都不留，但可以確定的是，如果有那麼一天，狄倫將會是最後一位被我刷掉的。

狄倫？該怎麼說他呢？

也許就借用一下克萊普敦的說法吧，「我當初認為他（狄倫）也不過就是個民謠歌手，而且他的吉他彈得簡直沒救了，但奇怪呢？所有的東西（指狄倫不但怪異而且有時走調的嗓音、幾至隨意地步的節拍，當然還有他那在克萊普敦眼中幼稚園等級的吉他……）放在一起，就全對了。」

是的，狄倫有如流行樂界的畢卡索。

畢卡索的作品，五官、四肢全不在該在的位置，但湊在一起，就全對了，而且還是愈陳愈香的曠世傑作。狄倫也是，他的作品百聽不厭，愈聽愈喜歡。

一九七八年十二月十六日，冷得要命的一天，我還記得那天晚上瑟縮在南京西路新光百貨前擺地攤，結果一單生意都沒做到，這是前所未有的事。

那天，美國宣布與中華民國斷交、廢約，全台灣立刻陷入敵愾同仇的悲壯情境裡，沒有人有心情購物。

接著，連續三天沒做到生意，我一個擺地攤的，沒資格有什麼共赴國難的高調，我只知道這樣我會活不下去，就興起了離開台灣的念頭。

我又去找了個推銷員的工作，然後像很多那時的大學畢業生一樣，開始申請美國的學校。

一九七九年八月，我搭上星航班機赴美，那是我第一次搭飛機，那年，二十八歲，即將走完影響我一生行事作為的七〇年代。

又見菩提樹

二十多年來第一次見到菩提樹，是二〇〇二年參加「新加坡記者俱樂部」斯里蘭卡參訪團，在著名的佛牙廟見到株高大卻乾枯幾乎無葉的菩提樹。

由於實在不像記憶中的菩提樹，因此當時一點感覺都沒有。

於我而言，菩提樹的好看就在於它的葉子。大片大片心形葉子還拖著一根細尾巴，風一吹，就像有成千小蒲扇伴著細微可聞「唰，唰」的聲音一起搖，涼意自然就由心而起。佛陀當年坐在菩提樹下修成正果，恐怕也是在偷偷享受這種寧靜吧。

後來到印度，到處都見到菩提樹，完全是記憶中的那種，感覺就真切得多了。

其實人生中的很多事情，一不小心就只能從記憶中去尋找。菩提樹於我，就是這樣。

小時候住在左營，家中院子裡有兩株極大的菩提樹，光是樹幹就可能需要四、五個大人合抱。從小，我的生活就和這兩株菩提樹發生了密切的關係。很多夏日的晚餐，也都是全家圍桌坐在樹下趕蒼蠅、拍蚊子中完成的。

由於樹真的很巨大，各種鳥都來棲息，最常見的是白頭翁、黃鶯、麻雀。有次，居然飛來了隻貓頭鷹，大家興奮得不得了，抓起彈弓猛Ｋ。

我那時在樹上用木板釘了個小屋子，時常在上面讀書、午睡，幻想自己是羅賓漢。還有一個晚上在小屋中，居然意外發現對面讀高中的X大姊在樹下扶桑花圍牆外，悉悉嗦嗦地在跟男朋友談情說愛，而她的男朋友竟然是村子東邊敵對一方的左營高中太保。

高中時去台北念書，台灣的經濟開始起飛，眷村的面貌也開始起了變化。有年回南部，赫然發現菩提樹和扶桑花圍牆全不見了，取代的是紅磚牆，而且幾乎每家都一樣。那時其實並沒什麼感覺，因為幾乎家家戶戶都在不停的拆除改建，只是依稀知道少了些東西，卻說不上來究竟是什麼。直到有年去非洲採訪，住的旅館院落裡有株大樹，上面恐怕有幾千隻吱吱喳喳的鳥，我坐在室外的餐廳望著那株大樹，就想起了當年老家院子裡的菩提樹，想起那時不僅有菩提樹，還有鳳凰木、橡皮樹（白千層）、芒果樹、石榴樹、香蕉樹、龍眼樹……

民國七十六年曾經回過台灣，在老家住了半年。那時，什麼都沒有了，院子全部鋪成水泥地停車子。想吃水果，就到市場去買。母親要約對面的牌搭子，必須掛電話去。過去，隔著扶桑花矮牆吼就可以了。

不過短短的二、三十年間，很多事情就已經只能從記憶中去尋找。

新德里的污染很嚴重，我坐在緊閉著車窗的車裡，望著外面布滿灰塵的菩提樹，一邊想著這些菩提樹未來可能的命運，一邊跟兒子說：「這是菩提樹呢，爸爸小的時候，家裡也有兩棵。」

菩提樹有大片大片心形葉子，風一吹，「唰唰」的聲音伴隨，涼意自然由心生起。

我的寵物

住在紐約的老媽掛電話來，聊著，聊著，她大約是心疼我一個人過了那麼久，「養些什麼東西吧，狗啊，鳥啊。」

「有啊，我有養一隻壁虎。」

老媽那邊靜了半晌，「壁虎？」

「對呀，壁虎。」

當年已經八十五歲的老媽狂笑得像十五歲的丫頭。我連忙說：「笑慢一點，別岔了氣，旁邊有人嗎？」

我真的有一隻壁虎，還有名字，叫「拉瑪三腳壁」，暱稱「三腳壁」。因為我住的地方緊鄰曼谷拉瑪三路，而我第一次見到「三腳壁」的時候，牠真的只有三隻腳，拍了照片給當時的女友看，兩人參詳、參詳，就取了上述有點「武俠」的名字。

跟「三腳壁」第一次邂逅，是有天到隔壁垃圾間倒垃圾，不期瞥見地上一隻小壁虎。真的很小，連尾巴長不及四公分，瘦得背脊清晰可見，兩隻眼睛大得跟青蛙一樣，像還沒斷奶的樣子。壁虎，吃奶嗎？

可以確定的是，看起來很衰弱，那麼大的兩粒眼睛，應該是骨碌碌地，卻還真的像青蛙那樣呆滯，似乎要轉動一下都很困難，而這麼大的一個「我」居高臨下蹲著看牠，似乎也沒有激起牠什麼驚恐的力氣。

可是很可愛呢。

蹲在那裡想，牠的瘦，是因為實在太小，還是因為好幾天沒吃東西，還是因為生病了？這麼小，也許才出生沒多久，就生病了？媽媽呢？

好像並不複雜的問題，卻想了很久也想不通，想到那隻痛風的左腳都開始痠了，準備站起來，才發現真是老了，很吃力呢，好不容易站直身子，口裡忍不住「哇」了一聲，像是成就了一件了不得的大事。

回去拿了相機，給牠拍幾張特寫。

這回卻顯然受到驚嚇了，想要逃，卻又怎麼竄都不對。顯然發現那架相機像如來佛的掌，後頭還有更面目猙獰的怪物，怎麼逃，都逃不出那片籠罩下來的陰影，牠會不會以為龍捲風要來了呢？天這麼黑，風這麼大，爸爸為什麼這種時候還要去捕魚？

左衝右突一陣，終於，牠擺出一個捲曲優美的姿勢後，似乎決定放棄了。喂，不要放棄啊，前面的路還長呢。

我也曾經這麼小過啊。

後來，居然就常常在家裡見到牠，有時，我就拿打死的蚊子放在牠可能出沒的地方。過了一陣子，有天發現牠趴在料理台上一動都不動，右後腿齊腳掌處斷掉，顯然受傷很重。我也不知該怎麼辦，只好小心地把牠移到水龍頭旁邊，讓牠有機會喝到水。接下來一連幾天牠都不動，但是我可以確定牠還活著。我就想起孩子還是嬰兒時，常常半夜去探他們鼻息，深恐他們就這樣停止呼吸。

後來大約四、五天之後，突然發現「三腳壁」不見了。我很高興，知道牠活過來了，因為我家裡只有我跟牠還有阿飄，沒有人會移走牠。

果然不錯，沒幾天就遇到「三腳壁」在我腳邊「雀躍」。有點誇張，不過是真的，牠真的常常在我腳前竄來竄去，我也得時常提防，不要踩到牠。

我搬到新家，是看上社區旁邊有一大片園林，沒想到顧此失彼，這片園林是蚊子的滋生地，我住在十九樓，蚊子居然也有能耐上來，所以一搬進來就開始用殺蚊劑，常常噴得自己都覺得快掛掉，也特意斥資把窗子全加裝紗窗，當初看上的就是無敵湄南河景，結果三處大落地窗都需加裝紗窗，真虧大了。

「三腳壁」開始「服役」之後，嘿，酷斃了，蚊子都沒了，省了不少殺蚊劑的錢。唯一就是每天拖地時會清到一粒有點像太極圖的壁虎屎。

ㄟ……我一直很好奇，壁虎屎上面為什麼會有那麼一個漂亮的白點呀？

總之，想到這粒壁虎屎是無數蚊子捐軀後才產生的，就覺得「真值得呀」。

又過了一陣子，有天差點踩到「三腳壁」。牠了無生氣地「倒臥」在廚房門前，我以為牠死了，用紙片將牠鏟起後，發現牠稍微動了一下，看起來像是吃到不好的蚊子，食物中毒。趕緊如法炮製，把牠放到水龍頭旁邊的「病床」。

果然，沒幾天牠又不見了。

就這樣，我跟「三腳壁」一星期總會相遇兩、三次。

在這段過程中，牠可能是奮勇殺蚊，又少了兩條腿，已經變成「獨腳壁」。

我常常想，奇怪，我家裡有這麼多陷阱嗎？「『三腳壁』啊，你可要好好保住最後一隻腳，否則沒了吸盤，怎麼爬牆啊？」

我是真正覺得我跟「獨腳壁」之間是有那麼些東西的。牠完全不怕我，我也把牠當成寵物，每次遇到牠時，都會跟牠說幾句話，很奇怪，牠就會靜靜地待在那裡「聽」。

寵物是「虎」字輩的耶，多帥。

其實我以前很喜歡養狗，二十年前還在美國養過洛威拿犬。主要是窮瘋了，用來繁殖生財，結果生了一窩之後，前妻竟然趁我去中國大陸訪問，把大狗、小狗全賣給一家寵物店，我後來常常刻意繞到那寵物店老闆的家，去看院子裡被關在籠裡的「黑皮」。

有次也是出差一陣之後回到紐約，再去看時籠子空了。一問之下，「黑皮」竟然得了

上：拉瑪三腳壁與丁點大的屎。
下：老花。

心絲蟲病死了。我難過了好久、好久，也決定不再養狗。

心絲蟲病是洛威拿的大敵，一定要定時打針預防。那人是寵物店老闆，竟然不知道？狗得了那種病，死的時候很痛苦，因為心絲蟲是慢慢一點一點地把狗的心臟吃掉。這個事情，一直到現在，想起來都還會心痛。

不過後來還是養了一次狗。

那是搬到新加坡後，有次好友要出遠門，把小狗寄在我家。很漂亮的純種博美，裝在漂亮的狗籠送來。結果「寶寶」一進門就畏畏縮縮往桌底鑽。一問之下才知道「寶寶」常因在家大、小便捱打，他們已經煩不勝煩，正準備賣掉。

更讓我訝然的是，好友竟然從來沒有帶「寶寶」出門大、小便，也沒有訓練牠該到哪裡大、小便。那，你要牠怎麼辦？

那是一個典型的小孩吵著要，大人就買給他的例子。全家沒有一個人有養狗的經驗，以為只要買來之後，寵物就會像電視上的那隻一樣聽話、可愛。其實寵物跟人是不一樣的，有些部分永遠不會長大，需要服侍牠到老到死。那是一種責任。

後來好友度假回來，我就跟他把「寶寶」買下，一直到我離開新加坡，才送給另一個友人。

我現在住的地方有很多流浪狗，其中有隻最特別，牠是在自己家門口流浪，成年累月躺在那邊，身體臃腫、毛皮糾結，一看就知全身是病。

幾年來，我只看過牠起身一次，走了兩步，好像想了想之後還是決定「算了」，又走回去躺下。牠吃東西、喝水，都是趴在那邊，牠那麼髒，從來沒有人拍過牠、摸過牠，兩年多了，在我搬來之前，也不知已經躺了多久，就是在那邊等死吧。

有次一位朋友說，「曼谷的流浪狗很幸福，一定都會有人餵牠們。」流浪狗很幸福？這個邏輯我還真聽不懂。

但是也真無法照顧牠們，我家附近就不下四、五十隻。

還是壁虎好，自己料理生活，屎也就這麼丁點大。

但是，跟「三腳壁」相處了近一年之後，牠還是死了。

那天房間裡出現了蚊子，弄得我一晚沒睡好，隔天早上進浴室，就看到「三腳壁」彎成一個絕美的、我從未見過的姿勢。

我用衛生紙捲成一長條，沾了一點水碰觸牠的唇，但牠卻沒有反應。

「三腳壁」死了。

其實上次發現牠只剩一隻腳之後，就擔心牠活不長了。

因為那時牠已無法再爬牆壁。後來有幾次，看到牠在浴室的排水口附近，可能在那邊等蚊子吧，我想。

初時，我去逗牠，牠還會閃躲，因為只有一隻腳，跑起來有些像在繞圈子打轉，但是還很有勁。我很高興，知道牠還健康。

後來不見了幾天，我有些擔心。結果又出現了，還是在排水口附近，可是已經很明顯地瘦了、沒力氣了，而且顏色開始變得有些發青。

上網去找壁虎的資料，發現能做的很有限，因為壁虎只吃活體食物，可是「三腳壁」顯然已經沒有能力再捕食。有天在店裡打死一隻蚊子，用衛生紙包好帶回來給「三腳壁」，第二天蚊子還躺在「三腳壁」面前。

我那時想，這種時候，「三腳壁」應該不會在意是隻死蚊子吧，牠應該是連張口的力氣都沒了。

隔了一天去看牠，顏色已經變得青黑，脊椎骨也很明顯突出，不過還會輕微扭動。我實在想不出別的辦法，只好用花生糖粉混些水，擺在牠眼前。

然後再去看牠，牠就捲成那個絕美的姿勢。

說是和一隻壁虎相依為命，好像有點矯情、離譜，但我確有這種感覺。常常，練完琴出書房，就見到「三腳壁」趴在離門不遠處「聆聽」，我會問牠，「好聽嗎？」

「三腳壁」每次都保持趴著不動。我的琴彈得很爛，歌聲也不美，「三腳壁」的「不動」，對我而言就是不嫌棄。

我把「三腳壁」放進漂亮的瑞士糖盒子，小心地放進樓層的垃圾間，就趕著出門辦事，但是一路上都不心安，我的陽台有盆萬年青，應該把「三腳壁」葬在那裡。

五個小時之後回到家，立刻去找「三腳壁」，可是已經被收走了。

晚上坐在電腦前準備給「三腳壁」寫點東西，竟然有隻蚊子嗡、嗡、嗡地飛到耳邊。

「三腳壁」真的死了。

壁虎，應該也可以上天堂吧。

啊，卡拉斐亞

卡拉斐亞其實並不難找，但每次去都找老半天，原因是通往卡拉斐亞的那條路太美，兩眼不由自主貪戀風光，一不留神就錯過不甚起眼的出口，再轉回頭，就大費周章了。

美洲大陸，不知為什麼？好像沿海公路都叫作「一號」，也都很美。從聖地牙哥到墨西哥的提濆納有兩條路可走，一是五號，另外就是一號「美景公路」（Scenic Drive）。趕時間，那就五號，半小時就是另一國；不趕的話，閒閒好整以暇，沿著太平洋迤邐。是啊，太平洋，一望無際的那邊就是亞洲了。

美國境內的一號公路當然也美，只是太完美了，沒想像的空間，反而像少了什麼。從美國進提濆納，車子「唰」的一聲就過了，反方向則要大排長龍。每次到洛杉磯，明知回頭時的車陣讓人不耐，還是迫不及待地要去提濆納，實在是洛杉磯太乏味。要什麼有什麼，就沒得想像了。

十多年前第一次去提濆納，是去採訪癌症醫院。當然不是提濆納市區，那裡不缺的是牛鬼蛇神、酒館妓寮，典型的邊城，冒險家樂園，不得癌症也很有機會死在那兒。

提濆納的癌症醫院集中在提濆納濱海鎮，小小一個區域有三十多家。原因出在美國的

「食品暨藥物管理局」過於龜毛，很多新出的藥品難於得到准證，就紛紛弄到提潰納試用，什麼都有，有些還真有效。

僅隔個「唰」一下就過去的邊界，美國這方許多癌末病人反正已死馬一匹，就跑來提潰納當活馬醫，這些醫院的醫療全是醫藥加旅遊加安養的配套，把病人及家屬都伺候得好好的，就算終不免一死也都死得很有尊嚴甚至快樂，名聲就這樣打響了。

當年的偶像，美國演員史提夫．麥昆，就死在那，其他的演藝名人還有好幾位，記不得了。

喜歡去提潰納倒不是為了提潰納。

我習慣工作完了留些時間到處亂逛，那次也不例外，開車走上墨西哥這邊的一號公路，就覺得喜歡的程度遠遠超過美國那邊，房子都不大、多是一層矮房，顏色十分南美，大膽也夠斑駁，過往的車輛多數沾著泥巴，黑髮、棕色皮膚、蓄著兩撇鬍子的「Amigo」敞開車窗，一隻手臂擱在那，幾乎每個人都戴著牛仔帽，也不喜歡戴太陽眼鏡，風霜的魚尾紋配瞇著的眼。

車再一轉就上了山，左邊是峭壁，底下是汪洋大海太平洋，往那頭一直一直去，應該就會碰到花蓮不然就是台東吧。「遠遠的故鄉，高高的月亮，請妳抬起頭來看看美麗的星月光。走了一步，眼淚掉下來，再會吧我的心上人……」

要是不用回美國，真想一直開下去，直到「下加里福尼亞」的最下面。

「上加里福尼亞」現在叫「美國加州」。

美國在提潰納、聖地牙哥之間沿山坡像長城般建了圍牆，戴著墨鏡的邊境巡邏員駕著翻山越嶺的四輪帶動車從早巡到晚。而帶著便當盒、飲水瓶的墨西哥人也是每天從早等到晚，想盡辦法翻牆、挖洞過去。五號公路近提潰納段有絕無僅有的「父母牽小孩飛奔」警告標誌，因為墨西哥人偷渡過來之後，對高速公路沒概念，不少費盡千辛萬苦，卻在橫過公路時魂斷異鄉。美國這一點很有人味，不錯你是非法，但它還是要保護你。

一號路旁邊有條平行的免費路，估計是給當地人使用，但是有意思得多，有各種各樣的店。那次回頭時繞下去，走著走著就碰到了卡拉斐亞。那是個你無法不停車暫借問的地方。

卡拉斐亞在兩百三十五年前（一七七三年）是天主教教會，後來在現址改建為卡拉斐亞旅館而成為提潰納附近（卡拉斐亞實際上位於羅沙立托）的地標，甚至被稱為「下加里福利亞半島珍寶」。

卡拉斐亞旅館坐落於峭壁上，太平洋海岸線一覽無遺，室外高低幾層露天餐座，晚餐時經常滿座。斯時也，龍蝦與紅酒同上，落霞與海鷗齊飛，海浪拍打岩石的嘩嘩聲就在腳下，激起的浪絲不時隨風飄到臉上，兩支吉他、一支手風琴、戴著高圓頂闊邊帽的墨西哥樂隊在你耳邊輕柔地「Ben Sa Mae Mucho」起來。斯時也，少年情郎趁著粉頰少女迷醉之際，伸手緩緩拿出一朵玫瑰，開口求婚，粉頰少女定然淚眼婆娑，鑽戒都不必啦。

我第一次在卡拉斐亞的「驚豔」過程，就是坐在那裡吃了頓自後讓我一再回味的晚餐。當時吃了什麼？老實說，全忘了，只有那個完全遺世的感覺一直在心底的角落占了個位置，卡拉斐亞也變成我唯一不因食物而迷戀的餐廳。

卡拉斐亞的餐廳極大，而且像梯田般分好多層，感覺就更好了。後來，每次到洛杉磯出差，一定找時間跑趟卡拉斐亞，漸漸知道卡拉斐亞是最受新人喜愛的結婚場所，它的花園更是遠近馳名。

卡拉斐亞也收藏有許多價值不菲的骨董及複製品。「鐵達尼號」當年就在卡拉斐亞附近的「福斯攝影棚」拍攝，所以餐廳裡也收集了該片的道具，其中一間小餐廳就命名為「鐵達尼號」。而我去了這麼多次，唯一的遺憾就是找不到時間在海濤聲中過一夜。

後來終於有了機會。那次到達時已經深夜，沒想到真迷路了，墨西哥一到夜裡連路燈都沒有，夜路上就我一輛車，兩道車頭燈照出前方風飄的雨，此外就是一片黑，怎麼找都找不到，下車到路邊一棟孤零零房子問路，對方竟然提了根棒子出來。

後來實在乏了，暗夜中顯靈般出現座有警衛的大門，居然是旅館，住進去之後倒頭便睡，第二天起床後才發現是座極美、極大，附設有高爾夫球場，就在海邊的度假旅館，而卡拉斐亞距此還不到五分鐘車程。當然，又沒住成。那是我離開美洲之後的一大遺憾。

去年寒假去加州看孩子。卡拉斐亞當然是要去的。

這次住成了，而且由於是冬季，跟以往的感覺都不同。整個卡拉斐亞除了我們兩間房，頂多還有三房客人。室外的餐座全收起來了，椅子疊在餐桌上，海鷗還是飛來飛去，卻似乎露出「咦，食物呢？」的表情；還有種像鵜鶘的海鳥，飛起來特別好看，翅膀一動不動，好像可以就那樣一直滑到天邊。

去之前，並未準備一定要住卡拉斐亞。因為上網查的結果讓我大為意外，幾乎是一片「痛罵」，還有人把卡拉斐亞的房間形容為「垃圾堆」、「臭不可聞，小蟲亂爬」。我從前只看過旅館房間外觀，典型西班牙式，線條圓潤，極有好感。難道是金玉其外，敗絮其中？

所以我們要求先看房間，不行的話反正提潰納旅館很多，在這兒吃完飯就走。我們選面海的房間，才走到陽台，聞到海風的味道，就心動了。進去一看，還好嘛。確實是沒有空調、電話，但是，那重要嗎？房間真的算是乾淨，熱水也沒問題，兩張大床。還要什麼呢？也許我的要求比較低吧。

總之，我們住下來了。晚上到餐廳享用了一頓前後只有三桌客人的晚餐，兒子點了一

座落於峭壁上的卡拉斐亞旅館，太平洋海岸線一覽無遺。

卡拉斐亞飯店一隅。

個海鮮總匯，豐富得夠三個人吃。可惜一直下雨，我們餐後只能在房裡彈吉他、唱歌。

第二天大早就起，綿綿細雨中把冬季裡清冷的卡拉斐亞好好看了一遍，少了人跡雜沓的卡拉斐亞，更美了，很多旅遊旺季被擋住的角落，此刻都露了出來。這裡一叢，那裡一叢怒放的九重葛、古意昂然的木窗、嵌在牆上抱膝而眠的小天使……讓散步成為極大的享受。

比較讓人傷心的是，卡拉斐亞左前方已經有棟快建好的現代新穎大樓。卡拉斐亞本身跟我十多年前初次到訪時候一模一樣，大門前仍是那條泥土路，可是那棟新大樓真像隻怪獸，太不搭調。也或許，是卡拉斐亞不搭調？

離開的時候，回頭看了一眼卡拉斐亞大門，就跟每次到達時一樣，心裡會忍不住歡呼「啊，卡拉斐亞」。

我知道我會再回來。

輯三

關於死亡的二、三想像

爸爸的骨灰

開車送孩子上學，收音機裡播放著「叩應」節目。

主持人問來賓，有朝一日離世的時候要帶些什麼陪葬。

答案無奇不有，有的帶寵物，有的帶衛星電視收看器，更有的人要帶信用卡。

當時九歲的兒子以中突然問我，「爸爸，你死的時候要帶什麼？」

我不假思索地答道，「什麼都不帶。」

後座的女兒以芃好奇了，接著問，「那你要埋在哪裡？」我說，「哪裡都不埋。」

這下，兩個人一起問了，「為什麼？」

我說，我死的時候要燒成灰，很希望他們把我的骨灰帶到美國加州沿海一號公路的太平洋岸邊，拋到海裡去。

兩個又問，「為什麼？」

我說我很喜歡那個海岸，我的骨灰如果每天能夠乘著海浪拍打岩石，一定很有趣、很過癮。

「那你的爸爸為什麼要埋在墳墓裡？」

跟他們解釋，因為我的姊姊希望爸爸死後不致太寂寞，所以就把他的骨灰葬在家附近的墓園裡，以便能時時去探望一下。

可是呢？我不相信姊姊還時時去探望。

那時是一九九九年，父親已經死了十五年，骨灰葬在北維吉尼亞一處風景如畫的墓園裡。

當初信基督教的母親很反對火化，說是火化後不能進天堂。

我們幾個兄弟姊妹卻希望有一天能帶爸爸的骨灰歸葬大陸家鄉，所以還是決定火化了。母親最後也無可奈何，只好同意，但是卻頗為擔憂又有點害怕地說，「我死了以後可不要火葬，多殘忍，一定痛死了。」

當時覺得母親真是迂腐，死都死了，怎麼可能痛？

到了火化的那天，家裡的人都不忍去，我是長子，就和姊姊一起去了。

火葬的棺木很簡單，就是四片木板湊合起來，裝著遺體推到火爐裡。

點火之前，爸爸生前部下的妻子比較懂得規矩，偷偷告訴我等下點火時要跟爸爸說：「爸爸快走，要點火了。」

我也覺得她迂腐，這種事也信？

火轟然一聲燒起來。我突然一驚，接著就不由自主嚎啕哭喊著，「爸爸快走啊！火燒起來了，爸爸快走啊！爸爸你快走啊！」腦海裡出現的，都是爸爸在熊熊烈火中痛苦不堪的模樣，一直到旁人把我拉開。

第二天去撿骨灰，爸爸只剩下一個有人形的白骨與灰的組合。就這樣，俱往矣。再也回不來了。

火化場的工人把骨灰掃進罈子裡，再把未燒化的骨頭塞進去，用支鐵柄像杵臼一樣的搗。我的心很痛，本來想出言阻止，但繼而一想，他們每天處理那麼多的火化，想必是正常的做法吧，也就算了。

捧著爸爸的骨灰罈坐車回家。過橋時，我說：「爸爸小心，要過橋了。」到家門口時，我說：「爸爸，我們到家了。」再也不覺得那是迂腐的事。

爸爸的骨灰帶到美國之後，先是放在我在紐約的家中，我把罈子放在書房的書架上，時時和它談話。

我是家裡的長子，但從小不聽話，不知闖出多少禍，老是要他操心。爸爸死的時候，我還一事無成，婚姻也不美滿，於是就常常對著爸爸的骨灰罈子傾訴，眼淚惶惶的流。

後來姊姊把爸爸的骨灰帶去維吉尼亞州下葬。我在週末假日常常去姊姊家幫她照顧孩子，一得空閒就去爸爸的墳牌前，清理清理雜草，放一束鮮花，坐在碧綠如茵的草地上想起往事，就忍不住掉淚。這樣持續了好多年。

左起媽媽宋瑛、我、大姊梁蕙玲、大妹梁蕙嫻、爸爸梁偉鴻。

姊姊的孩子漸漸長大，我也就逐漸去得少了，但是每次去，還是不忘到父親的墓牌前，墓牌前老是雜草叢生，我就知道姊姊大約是不常來了。

不過我從來也不提，她每天忙於生計，還要帶兩個孩子，已經夠難為。

一九九六年，我奉派到亞特蘭大協助採訪奧運。由於新買一輛重型機車，就騎著去「拉風」，回程時經過姊姊家，自然去造訪並停留了一夜，第二天一早騎車回紐約，直到巴爾的摩我才猛然想起，忘了去爸爸的墓牌前問候，眼淚登時就順著風勢流了出來，「我竟然也忘了爸爸」。

前幾個星期，帶孩子去度春假，在姊姊家住了幾天，當然也帶他們去「爺爺」的墳前，以芃選了一束康乃馨，以中選了一束菊花，兩人都帶了用完即扔的照相機，為了拍照，就在那邊認真的研究，花要怎麼擺才好看？後來決定要「種」在墓牌周圍。

以芃比較細心，說是既然種在那邊，就要澆水，不然就容易枯萎了，於是跑去拿水來澆，不想一下澆多了，整個墓牌淹在水裡，急得以中大叫：「妳想把他淹死啊？」

我在一旁看著好笑，就說「他已經死了」，三個人笑成一堆，我也才發現，不知從什麼時候開始，到爸爸的墓牌前，已經不這麼感傷了。

那天在車上，我跟兩個孩子說，人總是要死的，至於死後要不要埋在地裡，每個人都可以自己作選擇，只要高興就好，但是「爸爸還是想到大海裡去」。

他們說，「那我們怎麼辦？是不是要把花丟到海裡？」我說，「當然哪，不然要丟在哪裡？」三個人又笑成了一團。

在那一刻，我似乎也看到爸爸的笑臉。

飄走的小雲

小雲的名字是張筱雲，但是認得她的那段時間裡，她在 e-mail 中一直署名「小雲」。我想，她應該是喜歡被稱作「小雲」吧。

收到她的最後一封 e-mail 是在二〇〇九年十一月二十五日，當天我轉了一位朋友 E 來的笑話給她，她回覆的時間是凌晨一點三十九分。

東屏

我情況危急，明天開始住院

來日無多

如果發現寫了 e-mail 沒回訊

大概已經作古，見諒

筱雲

讀到這樣的 e-mail，當然知道她的情況是真的不好，而讓我泫然欲泣的是「見諒」這兩個字。小雲，真的就這樣準備放棄了嗎？妳這次署名「筱雲」，是預示了什麼嗎？我發了一封盡我能力鼓勵的e-mail，不過已經得不到回音了，也不知道該如何聯絡她，因為我和小雲真的不熟，也從未見過面。

和小雲認識大約是一年多前吧。收到她的e-mail，才知道她是駐在德國的同事張筱雲，說是在部落格上讀了我的一篇文章〈一個人〉，心裡很有感觸，因為她雖然不是一個人，但是在情境上卻是一個人。

起始我不太理解，彼此之間也只是偶爾很簡短的電郵往來，當然也無由深入。直到有次她說得了癌症，「最傷心的是我老公也認為我活不久了」，我才懂得她的哀傷。

而更讓人傷心的是她述說時的平淡，就好像「見諒」那兩個字。

我當時也想，自己之所以選擇變成「一個人」，應該有自知無法承受那樣哀傷的考慮，寧願時候到了，一個人寂然而逝吧。

小雲有次寄來一張家居照片，典型的外國寬敞住宅。我說了幾句讚美、羨慕的話，而她的回應卻讓人體會到她在那座豪宅中其實很孤單、無助。

小雲後來在《中國時報》也開了部落格，才貼了一篇文就招來無聊的回應，她顯然也受到了驚嚇。

這些，都讓對她僅有粗淺認識的我覺得心痛。

小雲，妳不要怕，妳一定要像朵無憂無慮，快快樂樂的小雲，飄呀飄的，終於到達妳真正喜歡的地方。

在她人生最後的關頭，對於已失卻鬥志的她，我多麼希望能夠提供一些支持。加油啊，小雲，別放棄啊。

後來憶及一位駐德的外交人員曾經透過小雲找過我，我還有她的電郵地址，就聯絡她去幫我探視小雲，再帶了一封打氣的信去。

之後，我度長假去美國與孩子相聚，回曼谷之後又一陣瞎忙，幾次想再問問小雲的狀況，卻一直錯失。心裡總有個想法「沒有消息就是好消息」。

不料卻無意間讀到楊渡的〈約定在遠方的咖啡館——悼張筱雲〉。啊，小雲在一月三日就已下葬了，而這段時間，我一直還在轉傳電郵給她。

小雲，我忽略了我們的不熟，報社的同仁可能也沒人知道我們互相認識，因此才沒人想到要告訴我吧。或許有人說了，但我那次離開曼谷時間太長，郵箱早就滿了。現在，我猶豫的是，是否該把妳的電郵郵址刪掉了。

不過沒關係，我要用這篇短文來紀念妳。

妳不要怕，妳一定要像朵無憂無慮、快快樂樂的小雲，飄呀飄的，終於到達妳真正喜歡的地方。

忽忽，妳千萬要記得抓住那隻黑鳥的翅膀

只有情很大的男人才會那麼愛哭愛轉寄黃色笑話，也只有情很深的男人才會給一個素未謀面飄然遽逝的朋友小雲，寫一篇感情眞摯卻不哀傷不做作的紀念文章，我甚且這麼想：如果有幸走在他前面（雖然我比他年輕很多），我也要他幫我寫那麼一篇美麗的文章。

——〈搖滾樂教我們的事——給梁東屏《搖滾：狂飆的年代》的序〉

這是忽忽（林蔚玲、林維）二〇〇九年暑假為我的新書《搖滾：狂飆的年代》所寫序裡的一段。

忽忽提到的那篇文章是〈飄走的小雲〉，紀念一位我交換過電子郵件但從未謀面、後來因為癌症而去世的《中國時報》駐德國同事張筱雲。

然而我從未想到事情真的會這樣發生。

忽忽那年剛過五十，小我八歲，但終於還是這樣發生了。

冬至當天晚上，忽忽在淡水被摩托車撞倒，嚴重腦出血、昏迷六天之後於二〇〇九年

十二月二十七日下午一時三十分去世。

和忽忽之所以會認識，是因為很欣賞她的文筆，尤其《明明不是天使》系列，生動、活潑、不做作，每一個人物都那麼鮮活，每一個故事都那麼引人入勝，是我二十多年來極少數能夠從頭到尾讀完的書。

一年半前，我們開始交換e-mail。我記得是從向她討教如何能煮出容易剝殼的水煮蛋開始。因為她們家早年在台北開過在文化界頗有些名氣的「人山餐廳」，想當然會知道些訣竅。

二〇〇九年八月，我要回台北出《閒走@東南亞》。忽忽知道了之後，主動表示她有地方給我和孩子住，因為她剛找到夢寐以求、有個小花園的一樓新居，而樓上的舊住所還有半個多月才需交還給屋主。

我從忽忽文章裡得到的印象是她的住所離捷運站以及淡水著名的老街都很近，而且想到可以省些旅館費用，就答應了。

不過等我到了淡水，發現忽忽原先的住所其實離捷運站相當遠，而且也許因為已經搬了大部分的關係，顯得頗為簡陋，沒有寢具，我跟兩個孩子之中心須有人打地鋪，住起來恐怕會很辛苦，於是就以台北活動很多，住在淡水太不方便為理由而婉謝了她的好意，跟孩子還是住在台北的旅館裡。

由於忽忽要幫忙新書發表，我也特地邀請她跟女兒同住一房。女兒後來還取笑忽忽，「忽忽阿姨說不習慣跟人同住一房，可是才說完就睡著了，還打呼呢。」

那天我也去看了忽忽的新居，其實就是一般的公寓房，但是她真的很喜歡甚至陶醉，笑瞇瞇地指著窗外很小的花園說，準備辦個Party，請些藝文界朋友來熱鬧一下。

坦白說，我心裡有些難過。

我知道早年「蘭陵劇坊」出身的忽忽曾經有過風光的日子，現在能滿足於這些微不足道的滿足，實在是因為長時間的困頓所致。

有天，忽忽陪我去見位大哥級朋友，他不方便出門，於是招待我們在自家公司會議室內吃簡單午餐，忽忽望著擺上桌的菜餚，竟然有點掩不住興奮地低聲對我說，「是鼎泰豐的耶。」

那次我在台北停了大約五天，和忽忽幾乎是朝夕相處，對她也有了更進一步的了解，其實躲在《明明不是天使》裡那位愛憎分明、快意恩仇的忽忽後面的忽忽，實則是個單純、缺乏安全感、極端渴望被愛的女人。

忽忽一直有個夢想，就是成為像她父親林適存（南郭）那樣的作家，能夠以文字為生。

但是這個想法其實很天真、很不切實際。

忽忽集錦。

因為就算是像她父親那樣有二十幾本著作，真正的生活來源還是因為在《中華日報》有主筆兼副刊主編的工作。

在台灣，單單要靠寫作為生，不是件容易的事，而這個夢想，顯然成為忽忽很多幻滅、失望的來源。

二〇〇八年底，忽忽和媽媽開始經營家常菜宅配，算是有些經常性的收入，也可以從她發表在部落格的文章裡，讀出她對這個新方向的期待與厚望。

不過那真的很辛苦。

我讀到忽忽寫在部落格裡，一個人坐捷運送菜因累極而瞌睡坐過站，有時因為忙亂、煩躁而與相依為命的媽媽口角，甚至送菜到目的地卻被客戶嫌棄的事，真讓我泫然欲泣。

兩個多月前，忽忽曾經跟我提及她的算命師父說開年後她將轉運，還詢問我跟她合作開餐廳的意願。她顯然是寄以厚望的，她在電郵裡寫道，「我們可以結合你的攝影、我們的文學以及忽媽媽的拿手菜，開一個特別的餐廳。」

其實我很高興讀到那封興奮又充滿希望的電郵，她苦了那麼久，是應該到轉運的時候了。

哪裡知道，竟然是這樣的轉運。

忽忽希望我寫一篇美麗的文章，我寫不出，但是，忽忽，我能唱首歌給妳聽。

Gulf coast highway, he worked the rails
He worked the rice fields with their cold dark wells
He worked the oil rigs in the Gulf of Mexico
The only thing we've owned is this old house here by the road
And when he dies he says he'll catch some blackbird's wing
And we will fly away to heaven
Come some sweet blue bonnet spring
She walked through springtime when I was home
The days were sweet, our nights were warm
The seasons changed, the jobs would come
The flowers fade, and this old house felt so alone
When the work took me away
And when she dies she says she'll catch some blackbird's wing
And she will fly away to heaven
Come some sweet blue bonnet spring
Highway 90, the jobs are gone

抓住黑鳥的翅膀，飛往天堂。

We kept our garden, we set the sun
This is the only place on Earth blue bonnets grow
And once a year they come and go
At this old house here by the road
And when we die we say we'll catch some blackbird's wing
And we will fly away to heaven
Come some sweet blue bonnet spring
Yes when we die we say we'll catch some blackbird's wing
And we will fly away together
Come some sweet blue bonnet spring

忽忽，妳千萬記得要抓住那隻黑鳥的翅膀，它會帶妳飛往天堂，千萬要記得呀。

後記：

二〇一〇年九月間，我回台北辦理健保，抽了一天空，帶著吉他上新店深山四十份納骨塔祭拜忽忽，終於在她的骨灰罈前唱了那首歌，也把〈忽忽，妳千萬要記得抓住那隻黑鳥的翅膀〉，親手燒給她。下山之後，在前往淡水的捷運上，寫下這首紀念小詩。

列車兩頭
一死一生
山路很深很長很曲折
終於到了
司機說這是新店最高處
那首歌終能親口唱出
罈上遺容淺笑
是因爲這樣而牽動嗎？
對於這些那些種種人世無奈炎涼
釋懷了嗎？
眼皮緣何一直跳動？

下山屢屢回首更覺蜿蜒

我要從這頭出發
新店↓淡水
落足妳曾經鮮活的所在

忽忽
我
試圖踏一遍妳熟悉的貓蹤
終因人聲雜沓妳已杳然而作罷

那祭文
已化作煙
抓住那隻黑鳥的翅膀
忽忽
妳就盡情地飛

9-11-10 新店四十份納骨塔祭拜忽忽

舅舅和表叔

那個人翻著簿子，「有了，有了，在這兒。」

我們根據他的指示找到了舅舅。

簡陋木盒裡的大理石罈，「宋公立夫，生於民國十一年……卒於民國七十八年……」，日期被外罩的木盒擋住看不見，所以我甚至不知舅舅究竟是哪天過世？

那天是二〇一一年八月十三日，舅舅過世二十三年了，我才找到他。

最後一次見到舅舅，應該就是民國七十八年，因為我是那年離開台灣再回美國。

這麼多年來，我並沒有時常想起舅舅。我們並不親。

小的時候，舅舅倒是幾乎每個週末都來家裡，他的個子滿高，身子肥壯，但是說起話來卻輕聲細語，連走路都是那種很小心踮著腳，深怕吵了人的樣子。

舅舅非常不善於言詞，每要開口講話就漲紅了臉，遇到好笑的事，也是那種死命憋住，滿臉通紅，不好意思笑出聲的靦腆。

他通常來了家裡，也是無所事事，就是不知說什麼好的搓著手跟媽媽打聲招呼「阿姊」。偶爾簡短說一些我們小孩子沒興趣更不可能記得的話，就坐在客廳裡看看報，或者睡個午覺。

留下最深印象的是他自己到廚房煮雜菜麵，然後捧個海碗唏哩呼嚕地吃。可能就因為這樣，他才那麼胖。

舅舅跟他那陷在大陸的弟弟是雙胞胎。據媽媽說，兩人長得一模一樣，連自家人都分不清，所以就叫舅舅「篤立夫」（上海話『篤』就是『大』的意思），管小舅叫「小立夫」。

雖然只有舅舅到了台灣，媽媽還是叫他「篤立夫」，但聽在我們小孩子的耳裡，這個「篤」所代表的是「胖」。

舅舅之所以能到台灣，因為他是海軍，但以他的學、資歷，還有他那種靦腆、害羞的性格，是不可能在軍中有什麼大成就的。從我知道他開始，他就一直是士官長。不過他的官還比表叔大，表叔只是個通訊兵。我從來不確定表叔是否真懂得通訊，我只知道他會掃地。

每個星期天一大早，大家都還賴在床上，院子裡就會傳來掃落葉的聲音。我就知道表叔來了，也跟著趕緊起床，我喜歡跟表叔一起燒掃成一堆的落葉。

表叔和舅舅是兩個完全不同的典型。

表叔精瘦、兩頰深陷，全身沒有一絲脂肪，一用力，瘦瘦的臂膀上會鼓起一塊圓圓、結實的肌肉。

小時候，常常央求看他的肌肉，他會斜裡瞪我一眼：「看什麼啊？」然後捲起衣袖，鼓起肌肉讓我摸。他少時學過些武術，我也常常央求他表演，他也是瞪我一眼，「有什麼好看啊？」然後就一矮身來個掃堂腿。

表叔的瘦，肇因於長年胃病。

爸爸說表叔當年在行伍中有次嚴重痢疾，但兵荒馬亂醫藥欠缺，只得聽信土方吞下硫磺，結果把胃燒壞了。

我就常常見到表叔面容扭曲捂著肚子蹲在一旁。每次飯後，表叔吞完藥，就走到院子裡一個人坐在地上，兩眼茫然向天，不知在想什麼？

表叔也是海軍，他和舅舅顯然都是因為爸爸的關係才進了海軍，但是引進門之後，爸爸就為了避嫌沒再照顧他們。我長大後常常心裡嘀咕爸爸太迂腐，拉拔一下自家人又怎樣呢？

爸爸不但不幫，還常常訓誡他們，指責他們沒出息，很多時候是當著我們的面，舅舅跟表叔也都不作一聲，低頭默默挨罵。

舅舅後來申請退伍，跑到漁船上當廚師。那是非常辛苦的工作，老實的舅舅幾乎每天遭到剽悍船員的欺壓、責罵。舅舅有時會跟媽媽提起船上辛苦的生活，我們孩子只是聽聽，完全無法理解究竟有多苦。

但那畢竟是一份收入比當軍人好得多的工作，舅舅也只有忍著做。不知多久之後，舅舅也許存了些錢，居然從菲律賓娶了老婆回來。她的老婆頗有些姿色，然而大家都不看好，完全知道她嫁給舅舅是為了錢以及過較好的生活。誰又不是呢？

舅舅雖然完全談不上有錢，但是比起大多數的菲律賓人，還是強多了。他退役了，有終身俸可領，在新竹也有一所小房子。他一輩子沒結過婚，以他的性格，也交不到女朋友，現在等於買了一個，大家也都認了，媽媽只能提醒他要為自己打算，

上：表叔甄松齡（左）、大伯梁偉卿（中）、我。
下：舅舅宋立夫和舅媽。

不要什麼都給老婆。

舅舅唯唯諾諾，但我們都知道，他會把所有的東西都給得來不易的老婆。

然後我出國了，很長一段時間都沒跟舅舅聯絡。

一九八七年回台北進《中國時報》工作，也一直沒見到舅舅，只聽說他在建築公司充當工地管理員。

然後就到了一九八九年。有天接到舅舅電話，「你來看看我吧」。

在圓山附近一處工地找到舅舅。他很虛弱，瘦了一大圈，走路都很困難。他跟我說不知得了什麼怪病，沒有胃口，天天拉肚子。他指著床下一盆黃黃黏稠的水狀排泄物，「拉出來的都是水，也不臭了」。

第二天託各種關係想在台北榮總找個床位未果，有朋友推薦長安東路一位神醫，說是推拿功夫了得，會治許多怪病，可以一試。

我帶舅舅去，果然人滿為患。好不容易輪到，神醫卻說舅舅身體太弱，他不敢下手也已無能為力。這時，我才真正覺得事態嚴重。

隔了幾天，好不容易找到高雄榮總床位，火速把舅舅送去，我又趕回台北上班。週末去看舅舅，發現高雄榮總不但未查出病因，而且感覺上像是療養院，對舅舅幾乎到不聞不問的地步，整體的環境也差。

回台北後又請託各種關係，結果由報社副總編輯姚琢奇先生找到台中榮總，我又立刻將舅舅轉院。

台中榮總有規模得多，就真的像醫院了。我幫舅舅請了二十四小時特別看護。舅舅到了台中榮總，顯然也放心了。我記得他對我說，「東屏，你救了我。」

我也以為救了舅舅。

但是沒有。

台中榮總很快檢查出來舅舅得了肝癌，而且已是末期，生存的機會很渺茫。我不敢跟舅舅說，只能撫著他堅硬、鼓脹的肚子說，「你放心，沒事了，這邊的醫生很好。」

不到一星期，舅舅就過世了。

可是我們一直無法處理他的後事。

主要原因是舅媽不肯簽字，醫院無法釋出遺體。舅媽不肯簽字，似乎是有關不知聽誰說了，萬一簽字，舅舅的一些遺產跟保險費還輪不到她，所以她要等到全部弄清楚再說。

我氣極了，跑去新竹找她。濃妝豔抹的她，任我怎麼說、怎麼保證舅舅的遺產、遺物都是她的，她就是相應不理，氣得我罵她是禽獸，她也是八風不動。

那段時間，我只幫舅舅做了一件事。我跑去圓山的工地，找到管舅舅的工頭，給了他一拳。舅舅死前跟我說，他病得都已幾乎無法走路，那位工頭還不時辱罵，強迫他下床工作。那時我又正好奉調要前往美國，只好託弟弟繼續追蹤舅舅的事。

到美國之後，我就把舅舅也忘了。

二十多年間也多次來往台、美，但我從來沒想起舅舅。他徹底從我的腦海中消失了。直到我聽說了同樣被我忘掉的表叔的事。

妹妹去年才跟我說，「表叔不見了。」

我才知道表叔是十多年前，有一天跟伯父說，「以後不麻煩了。」從此就人間蒸發，不知所終。

伯父跟堂兄到所有他可能去的地方，都找不到人，也到警局報了案。但他就是不見了。

表叔木訥寡言，性格十分孤僻，這跟他從小是孤兒有關。他一向喜怒不形於色，每次到家裡來，總是默默清掃、打雜。

家裡小孩，我還算是跟他比較親。記得有次跟幾個玩伴到他工作的地方，他大約也沒什麼東西請我們，端出幾個水煮蛋，但看得出來他很高興，恐怕是第一次有人拜訪他。

爸爸過世的那天是一個人在房裡午睡，要叫他起床晚餐時才發現他已經全身冷汗不省人事，當時正在家裡的表叔等不及叫救護車，揹起爸爸就往大約半公里外的海軍總醫院跑。但還是沒來得及。

我跟姊姊都從美國趕回台灣奔喪。姊姊抱著爸爸從未見到的外孫進門那剎那，表叔一看到她就掩面嚎啕，那是種像野獸哀嗥般的聲音，聞之心酸。那也是我唯一一次見到表叔哭。

我後來在美國經常夢想，賺夠了錢買個小農場，然後把表叔接去打理，讓他安度晚年。無奈自己能力不足，一直無法達成願望，也一直不敢說出曾有過這個願望。

我萬萬沒想到的是，他竟然出走了。

他是受到什麼難以忍受的巨大委屈嗎？他的個性、生活的折磨，其實應該已經讓他很有韌性，那麼，究竟發生了什麼事呢？現在他的失蹤已是事實，我除了想找到他，其他的，不想也不忍心再探究。

就是因為知道表叔不見了，我才想起舅舅，於是根據一點點線索開始找，結果找到八卦山國軍忠靈祠。那麼，我能夠同樣根據一點點線索，也找到表叔嗎？

我始終相信他還活著，所以才難找。

舅舅和表叔，都是小得不能再小的小人物，他們在時代巨輪滾動之下身不由己地離鄉背井，除了自己的親人之外，沒有人會在意他們，但是一個變成罈曾經被親人遺忘二十多年的骨灰，一個更是生死不明。

我們這些做晚輩的，真該慚愧。

建華表弟

「清明節那天，在黃浦江上找到建華的屍體，建中已經趕回上海認屍，雖然早已有心理準備，還是很難接受。」

——小前

這是二〇一二年的清明節，距建華離家不知所終已經有兩個多月的時間。

這兩個多月，誰都不知道他在哪裡？現在知道了，但他已是具冰冷、等候認領的屍體。

這兩個多月，他去了哪裡？經歷了什麼？究竟想了些什麼？為什麼一直沒想開？沒有人知道。

但他顯然思考過，而且思考了很多很多，思考了很久很久。

對於決定是否結束生命，兩個多月是多麼漫長的時間啊。

但他還是決定走那條路。

他有找人傾訴過嗎？還是一直只是一個人在某個陰暗角落裡獨自咀嚼生命的苦澀，一個人一遍又一遍悲舔自己的傷口。到最後，還是過不了。

這兩個月的煎熬、掙扎，終於還是讓他決定生不如死，然後在闃無人聲的暗夜裡，縱身入河。多麼讓人傷心的絕望啊。

當他溫熱的身體插入冰冷無情河水中的那一剎那，他可曾感到驚嚇、恐懼，可曾一絲念轉？

選在清明時節投河，也許存著大家不要忘了他的想法吧。

他也許擔心，活著的時候，大家都不關心他，死了，恐怕更會忘記他。

那麼，他應該還是有過一定程度的眷念。這讓我對他的死，更覺難受。

我跟建華只見過一次。

大概是一九九〇年前後，我有機會到了上海，晚上拿著地址請司機幫忙找路，找到一處完全沒有路燈的公寓區，漆黑到甚至無法看清究竟是什麼樣的公寓。

司機幫忙喊下來的建華緊握我的手，懇切地說，「表哥，你累了吧？」然後帶我摸黑上樓。

樓梯間幾乎伸手不見五指，上到一間極小極窄，放了一張床就僅剩堪可側身走道的房間。

昏黃的燈泡下，我從未謀面過的阿姨很費力地從床上撐起來。也是在那燈光下，我才看清建華的臉。

憨厚、老實、靦腆，很普通的一張臉。阿姨也是。兩人都堆滿著親切笑容問候我的一路勞頓。

那個小到連爐灶都只能擺在外邊走道的房間，就是母子倆相依為命的地方。

我後來想，我帶去送給他們的照相機，真不適合，應該送他們更實際的東西。但去之前，真的不知道他們過得這麼侷促。

我對阿姨並不陌生，從小就見過她的照片。

她跟媽媽差得極遠，媽媽的照片都是打扮得光鮮漂亮，高雅的旗袍，頭髮梳理得一絲不苟，臉上也都有化妝。阿姨不是，阿姨就是樸樸素素的村婦模樣，胖而略顯浮腫的身軀，一襲藍布衫，年輕時就那樣。

但我一見到她，就覺得她可親，好像已經認識了很久、很久。

媽媽和阿姨本來都算是富家女，外公在上海開了好幾家鋪子。但外婆早死，後媽進門後，媽媽、阿姨就再沒好日子過。這些，小時經常聽媽媽咬牙切齒地提。

媽媽運氣好，嫁給當海軍的父親到了台灣。留在大陸的阿姨就慘了，被下放到青海勞動很多年，終於回到上海時，已經全身是病。

那天晚上，我在她們的住處待了一會兒，就邀他們到旅館聊天。那是阿姨第一次踏進錦江飯店，覺得一切都新奇。

我們聊得很開心，不知不覺就已經半夜兩點多。

我留他們在飯店住宿，他們堅持要回去，說是明天我還有事，要讓我好好睡。

我送他們到大廳外，要幫他們叫車，他們就是不肯，說是可以搭公車。

「這時哪有公車？」

阿姨說「有，有，有」，一直揮手要我回去。

我只好站在飯店大門看著建華扶著媽媽，在昏暗的路燈下艱難地慢慢愈走愈遠。從那次以後，我再也沒見過他們。

回到美國一陣子，建華那邊傳來訊息，說是在公家機關做事，看不到什麼前景，他想買輛計程車來開。我當時認為手上的錢在美國幹不了什麼事，卻可能改變他的一生，就給他寄了兩萬美元。

後來因為一些他告訴過我但我已忘了的原因，他沒有用那筆錢買車，但寫信來說他會把那筆錢放著，將來等我有機會去時，再還給我。我跟他說不用還了，也沒有機會再去。過了幾年就傳來阿姨不堪病痛自殺的消息。聽到消息，我甚至有「這樣也好」的悲涼感觸。

但我沒想到建華也走上這條路。

也是小前寄來電郵通知的，說是年前建華留下「哥：永別了，我可以不再忍受病痛的折磨」的字條，人就不見了，也沒回單位上班，大家才發現。

上海的親人到所有他可能去的地方找他，也去警局報了案，但完全沒有頭緒。

他身上只帶了工作證，連身分證、銀行存摺都沒帶。大家都有不好的預感，開始懊惱為什麼平時沒有多關注他。

日子一天天過去，其實我反而愈來愈樂觀，我相信沒有消息就是好消息，這說明他還在猶疑，還在掙扎，對於人生還有些留戀，也許只是藉著失蹤對某些事、某些人，表達一個態度，期待一個回應，事情解決了，他就會再出現。

一個人，不會這樣莫名其妙就沒了，他一定還活在一個大家都不知道的地方。

但是，這個期望隨著他的屍體在黃浦江上浮起而徹底破滅。

他在投江之前，看起來是沒有留下隻字片語，這樣決絕，不讓我們知道最後究竟是什麼綳斷他的生命之弦。

而我，已無意於再去作注定引來悲傷的探索。

決定不跟死神搏鬥

很多追念的文章都會提到死者生前生命力如何堅強，如何與死神搏鬥。我，決定不與死神搏鬥。

如果這個穿黑斗篷、戴黑頭罩、兩眼發光、手持長柄鐮刀的傢伙來到，我立刻舉雙手投降，乖乖跟他走。

有什麼好搏鬥的？搏鬥個半天，最後或遲或早，不都還是要走嗎？而且多半的時候，這種搏鬥並沒有意義。正在「奮勇搏鬥」的人，很可能只是因為器官還殘存一些運作，自己並不意識到自己在搏鬥，反而是周遭的人辛苦。

很多年以前，一位長者因癌症病逝，但是死前曾經和死神搏鬥甚久，生命力之堅強甚至上了媒體版面。

我後來去弔唁，和曾經陪侍病榻的朋友聊起來，他說老先生確實生命力堅強，幾次發出病危通知，結果都度過難關。一次，也是病危通知，老先生長子半夜急忙趕到醫院，結果父親又回過魂，折騰了半天之後，筋疲力盡的兩人站在病房外抽菸，老先生長子不斷唉聲嘆氣。

如果穿黑斗篷，手持長柄鐮刀的傢伙來到，我，決定不與死神搏鬥。

朋友說，「他沒說什麼，但是那嘆氣很明顯的就是『馬的，怎麼還死不了？』」

多年以前，在台灣的伯父病危。其實我因故跟他們家鬧翻，已經近二十年沒來往，但是堂兄掛電話來，說是伯父在意識不清的狀態下還一直喊著我的名字。

我很難過，因為從小就知道他最喜歡我。

問了醫院名字，第二天就從新加坡趕回桃園，找到病房時正好堂妹也剛到，她沒想到我會到，嚇了一跳，示意我先不要到病床前，「怕他會太激動。」

等堂妹在其實無反應的伯父耳邊說，「阿爹，東屏來看你了。」我才過去。

到今天為止，我相信伯父至死恐怕都不知道我曾經去過。

我確實也認得事親至孝的朋友，父親病重以致無法排便，他可以親自用手把糞便摳出來。

但多數的情況是「久病無孝子」。

這沒什麼好否認的。有次在報上讀到新聞，一間醫院基於救人職責把一位老先生從鬼門關救回來，結果引發家屬抗議，因為他們先前已經表示放棄急救。

一九八六年前後，聖嚴法師在紐約東初禪寺舉辦一連好幾天的「菁英禪修會」，我也被當作「菁英」而受到邀請。由於對聖嚴法師慕名已久，加上那時工作上、家庭上都出現問題，就想去領受一下教誨。

結果聽了一個上午，全是老生常談的東西，聽得我昏昏欲睡，吃完中午的齋飯就帶著「聖嚴也不過如此」的想法開溜了。

後來對於聖嚴的認識都是通過媒體，也沒特別覺得怎麼樣過，甚至對於他與政治人物的互動還有些反感。當然，也許他在那些場合都是被動的。

一直到他那次「寂滅為樂」，才讓我深深震動。

我震動的不是他不舉喪、不立碑，這，很多人也做得到，我震動的是聖嚴罹患腎病，但他有能力也有腎可換而不換，理由是他自覺年事已高，不應該為了自己多活幾年而占用一個對其他人可能更有用的腎。

這樣的豁達通透，讓我忍不住落淚。

聖嚴的「寂滅為樂」，最可貴的是在於他自己的決定，為大家做了這麼好的典範。

當時就想，當年偷偷落跑，會不會錯過了什麼？

啊，寂滅，多麼完美的結局，為樂，多麼豁達的胸襟。

所以，我決定不與死神搏鬥，法律上，在生前遺囑裡面已經寫清楚，情感上，已經跟孩子訂好約束。

就這樣。

關於死亡的二、三想像

回家遲了，天色逐漸轉暗，風有些涼，船在河上「噗，噗，噗」輕輕航行，整船的暮歸客卻詭異地沒有半點聲響。水聲喇喇。

突然有個念頭。

或者這是艘航向幽冥的船，乘客全是新近的死者，生前互不相識，死了，乘著這艘不確知會航向何方的船，對於未來因無知而產生了恐懼，自然不會有交談的念頭，所有的人都緊閉著嘴，面容嚴肅陰暗，睜著焦灼的兩眼注視不知會是什麼的前方，耳邊風聲颼颼的飛，天愈來愈黑、愈來愈暗……。

多年前看過部黑澤明的電影，名字忘了，好像是什麼夢之類。

其中一景卻永遠鮮明。一隊蒼蒼茫茫、個個面色烏青嘴唇慘白、卡其軟帽後面拖著布幅的日本兵，全副武裝整隊在扶著軍刀的隊長帶領下，從隧道中空洞洞由暗而明踢正步而出，行進中卻在某個轉角處停下，一隊人定定地望著山下一戶燈光昏黃人家。

那戶人家正是晚餐時間，哥哥、姊姊、弟弟、妹妹、媽媽在溫暖的燈光中進食，交換一天的見聞趣事，杯、盤、碗、碟的聲音破夜空而來，媽媽一會兒又站起來，進廚房端出大家交相稱讚的美味。

扶著軍刀的隊長面容悲戚、墊著腳跟引頸望著那戶人家，黑暗中滿臉鬍渣青灰的臉上已經因眼角落下了眼淚而晶瑩發亮。原來是已經戰死者，站在山坡上望著自己親愛的家人，可是再也不能回家也出不了聲，只能遠遠張望。

多少事，死了之後都成憾恨，而且是無法訴說的真正憾恨。

死後有知嗎？這是「不知生，焉知死」的千古疑問。

很清楚地記得，父親死前有大約半年的時間，其時正在美國念書的我常常夢到自己在招魂幡翻飛中惶惶奔喪，問題是夢中所奔的喪都不是認識的人。後來父親真的過世，就再沒有夢到同樣的情景。

父親火化後的骨灰有陣子寄存在大姊維吉尼亞州住處附近殯儀館，後來要下葬，我和妹妹從紐約去，當天晚上作了個怪夢，在一片草地上邊哭邊撿父親的遺骨。

第二天去殯儀館，負責人一臉歉疚直說抱歉，說是不知怎麼父親的骨灰罈前一晚落下摔裂。我們到現場看，原先置罈的地方確實很穩固，沒有任何摔落的理由。

那麼，為何會落下？為何生為長子的我會夢見？

這麼說，死後應當還是有知囉。

只是，父親要告訴我什麼呢？為什麼要借用這種隱喻的方式？他有什麼苦衷嗎？直到今天，我還是參不透，那麼，這種讓我無法猜透的告知，這樣單行道的告知，有意義嗎？他的表達已經是另外一個空間，和我沒有交集了啊，不反而使得死並非解脫而是更加悲苦、遺憾呢？

還有，得知父親死訊的當天，篤信基督教的大妹一直禱告，大白天裡，她竟然感覺自己穿過雲霧一直上升，到了一個音樂、風景都美得無法言說的地方，就見到父親在那邊，可是他們中間卻隔著一根柱子，怎麼繞，都繞不過去。

大妹只好隔著柱子問，「爸爸，你怎麼了？」

父親答道，「沒什麼！前幾天感冒，去看了一個懂得西醫的中醫，就好了。」

大妹那時住在多明尼加，根本無從知道父親究竟發生了什麼事。後來她也回台奔喪，問了母親，果然父親死前是患了感冒，去左營看了一位懂得西醫的中醫。所以，大妹見到的「神蹟」，是真的囉。然而，大妹所見到的「神蹟」，也讓我一直耿耿於懷。根據她的描述，見到父親的地方雖然美如天堂，但父親身旁卻有條看似往下的黑梯。

那麼，父親是在那邊等待「分發」嗎？他，現在會在地獄裡嗎？

人，有前生嗎？

有陣子，經常夢見自己在一個陰暗悲涼的空屋子裡，四周許多像刑警般的人不發一語地挖掘，然後，一具、一具的屍體被挖出。而我，就開始奔逃，甚至於騰空而飛，冷汗直冒逃離現場。

我，前世竟然是滅門血案的凶手嗎？這樣的夢不只一次，而且情境都差不多。每次，半夢半醒的我都驚恐不已，似夢非夢天涯海角地逃，害怕被抓去關，甚至於醒來之後還不相信自己真的已經醒來，要再三確認才鬆得下一口氣。

難道，那些沾滿泥漿的屍體，真是上輩子被我殺害的人？

真是恐怖的夢啊。

死亡，終究還是件恐怖的事吧。特別是意識到自己正在死。

文壇巨匠梁實秋在嚥氣之前就驚恐萬狀地喊，「給我多一點氧氣，給我多一點氧氣」。其實急救人員已在給了，只是他吸不到，而且知道自己就差那一口氣。真恐怖。

一部有關批判《可蘭經》的影片，開頭就是「九一一」紐約市世貿大樓雙塔遭攻擊，困在大樓裡意識到無路可出的女兒掛電話給媽媽，哭喊著「媽媽，我快要死了，這裡熱得受不了」。女兒在烈焰濃煙的煉獄裡，而媽媽卻什麼也無法做。真讓人心碎。

這樣的電話，其實不通可能更好。

很多年以前，朋友死於心肌梗塞，縮成一團躺在地板上，齜牙咧嘴顯然是極度痛苦，但是那一刻的巨大心理恐懼，恐怕要遠遠超過身體上的痛楚吧。

睡夢中死去的王永慶，終究算是有福氣。或者像張愛玲那樣孤獨死在自家空無一物的客廳，也很好。

她，是怎麼死的呢？就是躺在那兒，然後一點一點消失，就起不來也不想再起來了？多幸福啊。

死亡，本來就應該是很私人的事。

如果我要死，希望能夠很快就結束。如果已經必須躺在床上，再也無法起來，我就不要纏綿病榻，我希望自己的生命力不要太強，我不要呼吸器，不要插管，不要彌留。我，也不要有親人在身邊，看到他們一定會捨不得，還不如由專業的護士料理乾淨、尊嚴的死。大多數的情況下，久病沒有孝子。我見過也聽過太多生者對死者「老死不掉」的抱怨。所謂「親人隨侍在側」，很大程度上是生者的自我安慰吧。

都要死了，何必經歷這些。

這一切，要趕快在生前遺囑裡寫好。

我也不要留下痕跡，又真的能留下什麼痕跡呢？這世界的絕大多數墳墓不都是在荒煙蔓草中嗎？

火化之後飄在海裡或飛在風裡，能被子、女這一代偶爾在心中紀念，已經很幸福了。

而此刻，能健健康康地活著，才真是件幸福的事啊。

這世界的絕大多數墳墓
不都是在荒煙蔓草中？

消掉的人生

美國來的朋友暫住家中，「你家看得到有線電……（眼睛四下梭尋之後……），馬的，你家沒電視呀？」

嘻，嘻，就是沒有呀，是怎樣？阿你好不容易出來旅遊一趟，幹嘛要找電視？

這人滿臉不可思議，「靠，這樣也能過日子？」

過了一年多嘍。

去年歸零之後搬家，就決定要試試沒有電視的日子，很成功呢。一年多了，證明了無論工作上、生活上，都不需要那玩意兒，從此擺脫了電視的控制，可用的時間反而多了。

還不只電視，我家很多東西都沒有，譬如沙發。

進新居後「不得已」買了套餐桌椅。椅子有六張，一張配給書桌，一張放在客廳練吉他用，其他四張留給餐桌，平時就我一人，還多出來三張呢。

朋友來，圍桌而坐，吃吃、喝喝、談談，不很好嗎？沙發占地方，設計也多不符人體力學，容易把坐姿搞壞，影響脊椎，萬一不小心變成「沙發馬鈴薯」，命運就更悲慘。

搬家前住酒店式公寓，洗衣機三年換了三台，是價值不菲的歐洲名牌 Electrox，幸虧是公寓提供，由他們負責。

現在自己住，三年換三台那還得了？決定不買，簡單的衣服自己洗，大件外送。於是買了洗衣盆、洗衣板、小凳子、曬衣架。其實這些事小時都做過，難不倒。不像兒、女這一代，只認得洗衣機。

前幾年帶他們到台灣東部旅遊，指著木瓜樹上纍纍果實機會教育，「那是什麼？」結果一個說是西瓜，一個說是鳳梨……，真氣死博學多聞的老爸。

這些美國長大的孩子，有很多不知道雞有羽毛。

自己洗衣服之後，簡直愛上了。

東南亞炎熱，換下來的衣服不外就是T恤、短褲，兩星期一次洗，當作運動，陽台上曬乾的衣服還有自然香味，大件的其實只有大毛巾，那還真難洗，就偶爾送出去。就這樣變成洗衣宅男。朋友知道了，「用手洗衣的男人，真是人間極品啊」。

可不是嗎？

所以呢，能不買的就不買，能不添加的就不添加，理想的狀態是家裡沒有任何多出來的物品，這很難，常常開櫥拉櫃張望，Mmmmmm……，這個很久沒用了，就認真思考是否該丟掉或送出。這樣也清理了不少。

現在，估計還有百分之三十多出來的東西，加油啊。

買東西也愈來愈謹慎，再三思量「這東西真有必要嗎？」要訣是「忍幾天再說」，真的是想到通透才會下手，過去五、六年，除了日常必需品，幾乎沒買東西了。

從前是音樂 DVD 大王，見到就買，同一個歌手，明明已經有絕大多數曲目重複的另一片，但是只要發現有一首歌不同，就非買不可，否則好像生命裡缺少了什麼，幾年之內就上千片，比很多音樂店都還齊全。

兩年前開始清，現在只剩下「暫時」還愛不釋手的大約四十片。

愛到什麼程度呢？就是同一片連續播放都聽不厭，冠軍是 Bob Dylan ，有次結結實實連續聽了一個多月，換掉它不是因為聽厭了，而是覺得對別的歌手不好意思。

現在剩下的，大抵是這類碟片，還在繼續清，只是速度減緩了。我猜，最後可能會剩不到二十片。

好友「阿國」一直認為我應該是台灣版的 Steve McQueen，有次還專門從美國寄來一本有關他的攝影集。其實我跟 McQueen 差得遠了，他光是摩托車就蒐集了一百二十多台，我什麼都沒有，最重要的財產就是一套音響、兩支吉他。其他的東西，都在腦子裡。

我就很喜歡美國老鄉村歌手 Willie Nelson，他的歌唱生涯大概已經至少五十年了吧，可是就一直只用把破了個大洞的舊吉他。那個大洞，還真是經年累月彈琴刮出來的，真令人難以置信。

很多時候，「沒有」的感覺真是好過「擁有」。

將近二十年前經過排斥之後開始使用電腦，到今天為止，電腦已是生活必需，然而，最讓我喜愛的電腦功能就是「消掉」（Delete）。

消掉，是種很奇妙的成就感。不知道有沒有這樣的幸運，有一天可以消到身無長物只剩自己，阿甚至更加幸福點，最後還能把自己也消掉。

長壽B計畫

決定要活得很久……很久，是大約八年前的事。

那天，原先是要鼓勵孩子積極處事，就跟他們說：「你們不要以為自己還年紀小，如果一個人可以活到八十歲的話，你們的人生已經去掉超過八分之一了，像我，我的人生都已經過了三分之一。」

兩個孩子頗愣了一陣子才回神過來，「把拔……（拖得很長），你要活一百五十歲呀！」。

原來純粹是開玩笑，經他們這樣一講，我就想現在醫藥科學這麼發達，網路上也有一大堆養生祕方，「只要你喜歡，有什麼不可以？」於是就立即開動執行「活到一百五十歲計畫」，如今已經推進第八年，還滿順利的唷。

但是網路養生的缺點是常常要調整。

譬如以前一直接收紅酒可以防心血管疾病的資訊，於是就每天午餐給它來一杯（超級市場那種大瓶的便宜加州葡萄酒啦，否則每天喝還得了，還沒到一百五十歲就先窮死了）。

我本來就不會喝酒，所以每天午餐後就滿臉通紅醉倒，還好是在家上班，就直接來個午睡。嘻，嘻，沒老闆盯著，真好。

喝著，喝著，有天叮咚一聲來了封伊妹兒。哇塞，吃飽沒事幹的英國科學家發現，喝紅酒會增加得大腸癌的風險，所以勸大家最好找別的方法預防心血管疾病。

靠，怎麼不早研究？害我喝這麼久，難怪每次喝完，肛門附近都隱隱作痛。

暫停！講個故事。

二十多年前有次到美國紐澤西州採訪王永慶，大年除夕夜，他邀我們吃年夜飯，由於知道他喜歡喝德國的海尼根（Heineken）啤酒，就帶了一箱去。

賓主尚未盡歡，酒量甚差的我一杯過後就已喝茫，真太遜了，於是講個笑話掩飾酒醉。

話說有個男子搬家到紐約格林威治村著名的同性戀區克里斯多佛街，剛剛搬去人生地疏，晚上窮極無聊出外瞎逛，見到一間酒吧就鑽了進去。

坐定之後，侍者前來問喝什麼？

他說，「你們有什麼？」侍者報出一連串「Coors、Miller、Tsingtao、Taipi（台啤）、Heineken……」。

此人非好酒之徒，只覺得「海尼根」名字好聽，就說，「那就『海尼根』好了。」

酒來了，此人喝了兩口就醉倒，趴在桌上昏睡。

打烊時刻，客人走光，就剩他還在呼呼大睡。

酒店老闆跟侍者使個眼色，兩人合力把男子拖到廚房，一陣叮叮咚咚亂搞，事後推出門外，就丟在街旁。

男子第二天酒醒後，也不知怎麼爬回家的。

當天晚上還是無聊，就又逛出去，還是走到這家酒吧坐下。

侍者過來問喝些什麼？他想想，「就昨天那種吧。」

於是又是海尼根，兩口又醉，又睡著，打烊後老闆又跟侍者使眼色，事後又被丟到街上。

第三天還是無聊啊，所以又逛到同間酒吧。侍者熟門熟路地問，「海尼根吧？」哪知此人滿臉驚恐猛搖其手，搞得侍者大惑不解，「爲什麼？」

他說……他說：「不行，不行，那種酒喝了屁股會痛。」

講完後舉座大笑，就只有王永慶鐵著張臉。

OK, Now U Turn.

所以啊，靠網路養生也滿恐怖的，今天的萬靈丹，有可能明天就變成毒藥。

還有就是，網路上其實謠言也滿多。

當年愛滋病剛被發現，那真是全球恐慌，各種偏方密笈都紛紛出籠，其中有個辦法是「清晨第一道陽光出現時，把小雞雞掏出來塗上辣椒曝曬二十分鐘」。

騙你我會死，那段時間，前述的「克里斯多佛街」兩旁，一大早，很多屋頂上都有人在曬「辣椒雞雞」。

但是想要活得久，就要有決心、有毅力，更重要的就是要有勇氣，對吧？

以前不就有個什麼神農氏遍嘗百草嗎？（是神農氏吧？ㄟ……燧人氏鑽木取火，有巢氏蓋房子，神農氏？……就剩下他了，還會是誰？）

他胡亂吃都沒事，阿我這麼愛呆丸，哪裡會這麼衰？不久前就按照網路祕方做了一瓶醋葡萄乾，真難吃，但是想到「一百五十歲」，立刻就嚥下去了。

除了吃，運動也很重要。

最近在部落格上換了張「比較暴露」的刊頭照片，結果引來老同學朱戈平妒意頗濃的伊妹兒，「你老兄還滿壯的嘛，是不是很久沒女人啦？」

戈平兄啊，你的意思是我都「存起來了」才變壯？阿你去存存看。兄弟我每天早上一百二十個伏地挺身耶。開玩笑，要長壽，哪能不投資？

最近還發現另個DIY健身法，我住在十九樓，現在每天下樓取報乘電梯，上樓則用爬的，兩百八十六階樓梯。毛澤東當年說，「不上長城非好漢」，他要是活得夠久看到我，應該會改口，「數英雄人物，還是小梁」。（附註：後來又收到電郵，知名學者研究出，爬樓梯太傷膝蓋，得不償失。所以我已經叫停了，可是已前後爬了快五年）

嗚……如果這樣努力還活不到一百五十歲，就太冤了。

可是還真有可能。

當年在「竹聯」大老陳啟禮位於柬埔寨首都金邊的家裡聊天，他說金邊台商不久前舉行了臂力比賽，結果「我這個六十幾歲的老頭子得冠軍，那些小夥子都不是對手」。旁邊的小弟個個尷尬傻笑，沒一個敢吭氣。

他不是吹牛的。陳啟禮的體格真的很好，套他自己的話是「很勇健」，這跟他年輕時在綠島做苦工及長期堅持鍛鍊有關。

但是他說完那些話之後沒幾年就死於胰臟癌。

所以天是有不測風雲，A計畫做得再好，總有控制不了的因素會打亂布局。為了避免BI的事情發生，我因此有一套完全可以自行控制的B計畫。

這個計畫是什麼呢？

第一，走路加快，別人走十分鐘，我五分鐘就解決。平均每天走半小時，就賺了半小時。買一送一，多划得來。

第二，搭乘電扶梯時不要呆呆地站在那兒。我算過，用走的上電扶梯，一次可以比別人節省大約七到十秒鐘，不要小看這幾秒鐘，小水會流成大河，而且呆站那裡幹嘛？又賺生命又健身，何樂不為？

第三，包包裡隨時準備著書報、雜誌，一有空就拿出來充實自己。這樣做的風險是常常會坐車坐過頭。這樣更好，坐回頭車時可以讀更多的書。

第四，耳朵也不要閒著，隨身聽自己需要的東西，音樂啦、股市報盤啦、魯雯絲姬吹喇叭啦、唐湘龍鬼扯啦……

第五，……

總之就是要充分利用時間。

曼谷的人悠閒慣了，很少看到行色匆匆的人。二〇〇四以後倒出現了一個，我。

我老是在趕路，老是在電扶梯上「Excuse Me...Excuse Me...」地穿來穿去。

暫停，再講個故事。

我媽是上海人，十里洋場出身的嘛，就是很喜歡露幾句「洋涇濱」（發音不甚標準的上海英文）。

她十多年前年近七十移民美國，到了可以「發揮所長」的環境，眞是如魚得水，之喜歡講英文的。

有次去超市，她推著購物車急著去付帳，傾著身子一直對前面的年輕男子說「Kiss me... Kiss me...」，把對方嚇得落荒而走。

其實她說的是「Excuse me」。

OK, U Turn.

所以，我的長壽B計畫就是一分鐘當兩分鐘用，簡單易行，每天都有成果，就像用信用卡、搭飛機累積點數，只要活到七十五歲，就等於一百五十歲啦。

對不起，王存仁

王存仁是我的大學同班同學，中國文化學院新聞系第八屆。

他是甘肅人，個子不高，但很壯實，一字濃眉，烏黑捲髮，滿臉鬍渣，皮膚白裡透紅，全身都是毛，也不知是否毛髮濃密，他常有搔頭、身上抓癢的動作。

我那時有個時尚電動刮鬍刀，就是像個歪頭小手電筒的那種，用起來滿順手。王存仁一直是用刮鬍刀，他的鬍子長得快，所以常常可以見到他滿臉肥皂沫刮鬍子。

有次王存仁急著出門，就跟我借電動刮鬍刀用，哪裡知道那個電鬍刀一貼上他的臉，就轉不動了。

王存仁從小就沒了父母，是烈士遺族，靠著撫卹金過日子。我認識他的那幾年，每隔一段時間，他就要回屏東的監護人那裡領取應該是很少的生活費，所以他過得頗為拮据，不太參加同學之間的活動，再加上年齡比其他同學長了三、四歲，脾氣又有些剛烈、個性也顯得孤僻，對很多事情很敏感，愛鑽牛角尖，算是班上不太容易相處的人。

但是我和他卻處得不錯，有學期還在山仔后同住一房。

跟班上同學相較，王存仁的國文根底滿好。大二的時候，我們忙著開舞會、郊遊、打麻將，他則接下當時紅極一時《大學雜誌》的改稿、編輯工作。那段時間，他常常帶著大批文稿回到住處，埋首書桌校稿、下題，香菸一根接一根。

我其實滿羨慕他有那份工作，也因為私下知道擺在書攤上光鮮亮麗的《大學雜誌》，其中有不少內容是「我的室友王存仁」參與，而頗覺與有榮焉。

但是王存仁的經濟狀況並未因在校外兼差而改善，他還是不時跟我借錢，都是應付生活的小錢，也都有借有還。只是因為忙碌，他跟班上其他同學的互動就更少了。

放假的時候，王存仁還是住在山上，因為他無家可回。大二那年暑假，我留在北部打工，週末會上山跟留在山上的同學打打麻將，王存仁也經常是一腳。

有個晚上我輸光了，就請人暫時代打，自己去另位同校的朋友處敲門借錢。沒想到門開處卻是我以為已經回南部的我的女友。

我當時腦中一片空白，完全不知該如何舉措，回手一拳擊碎了身後走道的玻璃窗，手掌、手腕割破了好幾道口子，血一直滴。回去後，我就一頭鑽進房間，躺在床上任血流。

王存仁一定覺得我怪，進房探視，倒被地上的血嚇了一跳。問出情況後，他只低吼了一聲，「他媽的！」就衝出去了。我知道會出事，也跟著追出去，到的時候，王存仁已經在狂踢那位同學的房門，口中怒喊，「你們這對狗男女，給我出來!!」我死推活拉半天，才把他拖走。

我和他的交情，就是這些點點滴滴。

王存仁後來也交了女友。但更準確一點說，是他愛上了一位別系女孩。我見過，很端莊嫻麗。可是王存仁的戀愛談得太言情小說，他有次手拿一枝玫瑰，冒雨在女生宿舍門口等了幾小時。我跟他說，「你這樣會嚇到對方」。

可是他顯然聽不進去，類似的情節常常發生，也使得他的情緒起伏甚大，高興的時候滿臉笑容，情緒低落時就借酒澆愁。他常常喝後勁很強的烏梅酒，喝醉了會痛苦的滿地打滾。

我確信，這段苦戀過程，跟他後來精神方面的問題有很大關聯。

我自己碰到情傷後搬離山仔后，和王存仁見面的機會就少了。再後來搬到山下住，也很少上山上課，就更難得碰面，只間歇聽說他精神方面有些恍惚、不正常。

又過一陣子，他根本就消失了。我沒記錯的話，他連畢業紀念冊的資料都沒交，我還記得紀念冊上對王存仁的描述是「王存仁神龍見首不見尾」。

再得到王存仁的訊息，已是我當兵之後。我那時被分發至嘉義山仔頂，有天接到王存仁發自花蓮玉里精神療養院的信，信中提及「你可以把軍中配給的菸寄給我嗎？」

我不知道他為什麼會在精神療養院裡，也不知道他是怎麼找到我的？但我並沒有寄菸去，應該也沒有回他的信，他也再沒有跟我聯絡過。我後來退伍，創業、工作都不順，足足在台灣奔波三年一事無成，直到一九七九年出國，壓根沒動過聯繫王存仁的念頭。但我卻不時會想起這件事，想起王存仁，想起我竟然在他最困難的時候，沒把他當一回事，沒搭理他，甚至吝惜幾包菸。做為朋友，我真是太差勁了。

離開台灣三十五年，也因公回台不少次，一九八七年底還回台北《中國時報》待了一年半，都沒想過去找王存仁。

直到這次退休決定到花蓮養老，才興起要找王存仁的念頭，也跟女友韻馨說了好幾次王存仁的事。雖然玉里距離我住的壽豐僅有大約一個半小時的車程，但一直忙於找房、找地，總想安頓好再去找他。

前些天開車載來訪的兒子、他的女友去附近的兆豐農場，經過一個岔路時，韻馨說她看到一個「玉里精神療養院」的路標。我跟她說，「應該不會吧？玉里離這裡還這麼遠。」但已經觸動我一探究竟的念頭。

兩天之後送走孩子，我獨自駕車前往。到了岔路口一看，標誌是「衛生福利部玉里醫院溪口精神護理之家」，顯然不是我要找的地方，而且溪口距玉里還有一小時車程。但我還是決定進去問一問。結果意外發現這個地方真的跟四十年前的「玉里精神療養院」有關係。

當年的「玉里精神療養院」曾在民國六十幾年時分家，一部分病人就分發到這裡。但他們在電腦檔案中查不到任何「王存仁」的資料。

那位社工小姐建議我到玉里的榮民醫院去查，因為她聽我說王存仁是烈士遺族，因此有可能在當時分發到榮民總醫院。我於是立即驅車前往玉里。

到了玉里榮民總醫院，住院部小姐根據我提供的資料，真的查出一位「王存仁」寄居在院內的養護所，但其他的資料就沒有了。

我興奮極了，趕到養護所繼續查，可是心都涼了，那棟開放式的樓層裡全是病得很嚴重的老年人，不時可聽到呻吟、哀嚎聲。王存仁大我三歲，那就是已經六十七歲了，以他跟我聯絡時起算，我如果真能找到他，他就已經在這種環境裡住了四十年。我不太敢想像，我將面對的王存仁會是什麼模樣。

結果那棟樓的辦公室裡沒人。我只好轉到隔壁樓探問。到門口時，正好裡面有人送人出來，但門隨即自動關上，裡面的人顯然並不準備讓我進去，只隔著玻璃門跟我對話。我心裡就有譜了，這可能是精神病患區。

裡面的人聽我說完來意後，對著內進的辦公室大吼，「外面有人要找『王存仁』。」她叫得這麼自然，我突然信心大增，「王存仁一定在這裡了」。

一會兒，一位工作人員從大門右側的窗口探出頭來，示意我過去。說明來意後，她在電腦鍵盤上敲了幾下，然後喃喃說道，「奇怪，人的資料有，可是沒床位啊。」

就在此刻，我半探身趴在窗台上，清楚看到電腦螢幕上有「患者姓名：王存仁 生日：37 07 15」字樣。我知道，我找到他了。王存仁是民國三十七年出生的。

但問題是，沒床位資料就表示王存仁不在養護所內。

先前在榮總住院部時，我已知道養護所屬於玉里醫院，既然養護所的電腦上有王存仁的名字，玉里醫院應該會有更詳盡資料，所以我決定到玉里醫院再查個究竟。

結果真的查出來了。玉里醫院社會服務室在電腦上查不出什麼進一步資訊，但經過幾番折騰，調出最原始的卡片資料，查出王存仁是經由屏東警察局送醫，曾經住在該院的「祥和一棟」病房，但已經在民國八十八年六月二十五日過世了。

怎麼過世的呢？

社工告訴我，根據個資保護法，我並非王存仁的親人，他們只能說到前面所說的狀況為止。

我說我想祭拜一下。他們告訴我，由於王存仁沒有親人，所以火化後是跟歷年來所有無親人認領者的骨灰堆放一處，「不是靈骨塔，你也不可能分清楚那一個是他，所以很抱歉了。不過你放心，每年清明及中元時，我們都會燒香。」

就這樣了。他們已經幫了很多忙。

走出醫院，看到對面的邈邈青山，還是忍不住落淚了。

我其實只想跟王存仁說聲「對不起」。
但這也不重要了。
我想，王存仁應該會原諒我，但我永遠無法原諒我自己。

玉里醫院

輯四

醬油稀飯

傷離別

女兒昨天離開曼谷，和男友去了台灣。

她來看我這麼多次，首度沒送她去機場。有男友陪著，我其實不用去。

晚上踏著夜色去店裡，第一次覺得有點孤單。打烊後回到家裡，屋裡由漆黑而變亮而清楚而空洞的一剎那，就真的覺得孤單了。

十多年來第一次有這樣的感覺。

她這次來，我們相處的時間極短、次數極少，陪他們吃了三次飯，其他的時間都是他們自己去玩或到外地。

有天在家拿出十多年前拍的錄影帶，想起許多往事。

她小時進入住家附近的蒙特梭利幼兒園，其實真的很近，走路也不過就是三、五分鐘，但我還是去買了輛腳踏車，裝了娃娃座，每天去等她放學載她回家，每次都故意繞聖約翰大學一圈，讓她坐個過癮。小朋友裡只有她有自行車可坐。

她開心地笑，我就踩得更起勁。

第一天送她進小學，她下車後背著書包頭也不回地就往正在集合的操場走，我看著她的背影愈走愈遠，感覺那個背包真的好像比她人還大，想到她那樣內向、害羞，卻要開始自己面對一個全新的、陌生的環境，她應付得來嗎？心裡一酸，眼淚就流出來了。

她是天生的內向、害羞、缺少自信，我很清楚，因為我也是這樣，所以特別留意如何幫助她。

小學的第一年，她在班上沒說過一句話，很多同學甚至以為她是啞巴。只有我知道她的痛苦。我小時功課好，被挑選作班長，那真是晴天霹靂，因為要主持班會，竟然常常嚇得我寧願逃學也不敢在那天去學校。

我還記得級任導師有次在我又逃學之後，當著全班的面責罵我這個根本不想也不敢當班長的班長。那件事，對我自尊心的打擊很大，一直到現在都還記得那種屈辱。

對於這麼相似的女兒，我就特別小心，絕不讓她經歷我所經歷過的事。

一直到有次帶她和弟弟做了橫貫美國的長途旅行，才發現增長見識的她信心大增，結束旅程回家之後，她在同輩孩童中竟然搖身一變，成為「有識之士」，滔滔不絕炫耀沿途見聞。

從那次以後，我一有機會就帶姊弟兩人四處走，所以他們從小就去過很多地方，她也慢慢變得充滿自信。

她這幾年到亞洲，不論是在曼谷、新加坡、台灣，都會幫我去拜訪其實我平常不怎麼聯絡的朋友。這些叔叔、阿姨都很喜歡她。

這次來曼谷，已經一年多未聯絡的「東方酒店」公關主任蘇西就請她跟男友吃飯，還招待他們在這間我都沒住過、最具盛名的酒店住了兩天。原來她們一直有聯絡。

我每次回台灣，見到老友，他們也會說，妳女兒上次怎樣、怎樣。那些老友，更像是她的朋友。也是因為這樣，她在大學修的是傳播藝術，一心想在公共關係領域發展。

她今年大學畢業了，準備九月間搬來曼谷，花兩年時間在這個旅遊大國累積經驗。我很鼓勵她，也把她的房間準備好，她這次已經把一些衣物先帶來放進房間裡。所以她那天離開，是一定會再回來的。

但是，我卻反而覺得悲，反而寧願她一直沒有長大，一直是坐在腳踏車娃娃座上，興奮地用手指著不遠處什麼東西，喊著「爸爸，你看……」的那個小女孩。

我和以芃在紐約皇后區可樂娜公園。

家

前些天送以中去機場的半途，他突然發現忘了帶台灣護照，只好趕快掉頭。再上車之後，他說，「剛才進家裡的時候，不知為什麼，覺得好舒服。」

我的眼淚差點流出來。

以中和姊姊以芃是趁著暑假來看我，學校快要開學，以芃一星期前已經離開。下次再見他們，要等明年了。

他們在的兩個月期間，我很努力把年來獨居的公寓營造成一個「家」。所以，以中不自覺透露出的感想，讓我泫然欲涕，不過心裡很高興。

我住的地方很基本，按照一般「家」的標準，幾乎可以說什麼都沒有，他們在的時候，除了到外邊吃，家裡的廚具也只夠煮冷凍水餃，連醬油都是他們來之前才去匆匆買來。

我也訂購了一堆水餃，可是平常又不太捨得讓他們天天吃水餃，結果他們一走，還剩下很多，我已經連吃了好幾天。

還好，下次再這樣吃，也要等明年。

家裡也沒電視、沒沙發。好在我們都不需要那些東西。

在家的時候，生活起居就是圍著那張餐桌，吃喝、聊天，吊扇懶懶地在天花板上轉。以芃的手提電腦就擺在餐桌上，她這次到曼谷一家網路雜誌實習，經常坐在那邊寫稿。我和以中則常常搬兩張餐椅，在一旁鋪有波斯地毯的客廳彈吉他、唱歌，一點不覺匱乏。

由於只有兩間房，以中和我住一間。多年來單身慣了，我的臥室一直是兩張單人床，以中來，正好佔一張，我們常常躺在各自的床上聊天到半夜。

以中有次帶著歉意說，「抱歉，我一來，把你的房間弄這麼亂。」

我哪裡會在意，等他們離開，正好可以清掃個過癮。

以芃則是理直氣壯的亂，衣箱敞開，新買的衣物散置一地，進她的房間好像進迷宮。不過這樣也好，每次清掃只需掃一小塊。

就這樣，兩個月時間也只一瞬。送以芃走時，以中還在吳哥窟，她的行李超重，我和她在機場重新整理，結果托運行李還是重了一點，我幫她跟櫃台小姐說情，對方好心放行。我跟以芃說，「妳看，人長得帥（我啦）還是有點用的。」

她通過移民關後，我的電話突然響起，害我緊張了一下，以為發生什麼事。那頭以芃笑嘻嘻地告訴我，她的簽證過期一天，原先預期會被罰款，但是沒罰。她說，「你看，人長得漂亮，還是有點用的。」

以中走的時候，通過移民關到進入出境廳，短短的十公尺，他停下來揮了三次手。我送過以芃很多次，她從來就是擁抱之後就大步離開，沒見她回過頭。

兩個孩子，從小就不一樣，但對我來說，都同樣心疼。

姊、弟走之前，我收到一封朋友轉來的 e-mail，是位父親寫給兒子的，跟我自己的體驗幾乎完全吻合，其中許多內容我其實也早已跟孩子反覆說過，但是我決定再唸一遍給他們聽（兩個孩子從小在外國成長，中文能說但不能讀），證明天下父母心都是一樣。

給孩子的備忘錄

我兒：

寫這備忘錄給你，基於三個原則：

1.人生福禍無常，誰也不知可以活多久，有些事情還是早一點說好。

2.我是你的父親，我不跟你說，沒有人會跟你說。

3.這備忘錄裡記載的，都是我經過慘痛失敗得回來的體驗，可以爲你的成長省回不少冤枉路。

以下，便是你在人生中要好好記住的事：

1.對你不好的人，你不要太介懷，在你一生中，沒有人有義務要對你好，除了我和你媽媽。至於那些對你好的人，你除了要珍惜、感恩外，也請多防備一點，因爲，每個人做每件事，總有一個原因，他對你好，未必眞的是因爲喜歡你，請你必須搞清楚，而不必太快將對方看作眞朋友。

2.沒有人是不可代替，沒有東西是必須擁有。看透了這一點，將來你身邊的人不再要你，或許失去了世間上最愛的一切時，也應該明白，這並不是什麼大不了的事。

3.生命是短暫的，今日你還在浪費著生命，明日會發覺生命已遠離你了。因此，愈早珍惜生命，你享受生命的日子也愈多，與其盼望長壽，倒不如早點享受。

4.世界上並沒有最愛這回事，愛情只是一種霎時的感覺，而這感覺絕對會隨時日、心境而改變。如果你的所謂最愛離開你，請耐心地等候一下，讓時日慢慢沖洗，讓心靈慢慢沉澱，你的苦就會慢慢淡化。不要過分憧憬愛情的美，不要過分誇大失戀的悲。

5.雖然，很多有成就的人士都沒有受過很多教育，但並不等如不用功讀書，就一定可以成功。你學到的知識，就是你擁有的武器。人，可以白手興家，但不可以手無寸鐵，謹記！

6.我不會要求你供養我下半輩子，同樣地我也不會供養你的下半輩子，當你長大到可以獨立的時候，我的責任已經完結。以後，你要坐巴士還是Benz，吃魚翅還是粉絲，都要自己負責。

7.你可以要求自己守信，但不能要求別人守信，你可以要求自己對人好，但不能期待人家對你好。你怎樣對人，並不代表人家就會怎樣對你，如果看不透這一點，你只會徒添不必要的煩惱。

8.我買了十多二十年六合彩，還是一窮二白，連三獎也沒有中，這證明人要發達，還是要努力工作才可以，世界上並沒有免費午餐。

9.親人只有一次的緣分，無論這輩子我和你會相處多久，也請好好珍惜共聚的時光，下輩子，無論愛與不愛，都不會再見。

你的爸爸　梁繼璋

真是很巧，這個爸爸也姓梁。

以中回來之後，我也一樣唸給他聽。他聽得很專注、很仔細，唸完之後，他說，「還

漂流的水上房屋。

有最後一條你沒唸。」

我說，「上次念給你姊姊聽之後，我不敢再唸。」他說，「我想聽。」

於是我就唸了，「親人只有一次的緣分，無論這輩子我和你會相處多久，也請好好珍惜共聚的時光，下輩子，無論愛與不愛，都不會再見。」

跟唸給以芃聽的時候一樣，才唸第一句，我就已淚流滿面。

唸完之後，我一直盯著電腦屏幕，沒敢回頭。以中半天沒聲音，然後說了「這一條不寫還好」。我回頭看到燈光下的以中，兩行眼淚掛在臉上。

然而我還是很高興，在這麼有限的時間裡，我居然有能力為孩子提供一個可以稱為「家」的地方。

雞雞物語

前兩天忽得怪病。

感覺上應該是感冒，但是徵狀是從未經驗過的奇怪。

第一天頭昏腦脹，不太奇怪。

第二天有些發燒，也算正常。

但是有關我所認知的感冒徵狀也就這麼多了。奇怪的部分是肛門、小雞雞（是我謙虛）、下半身腰部及腹部有些痠痛，不是很痛，就是那種很不舒服的痠痛。

還有就是便祕。我的排泄一向正常，便祕讓我有點嘀咕。

但是更讓我駭然的是，小雞雞不但痠痛，而且還頻尿。

靠，這個嚴重，男人最重要的器官出問題了，那還得了，陳水扁在土城看守所內還發得出「關不住的聲音」，我居然關不住尿？

真有夠遜，輸給阿扁，還能做人嗎？

頻尿，就是膀胱無力囉，那我執行了半天的活到一百五十歲計畫，豈不證明是一場空，該老化的，還是老化了。我也擔心是否攝護腺出了問題，嗚……我不要像李敖那樣苟活於世，還要被陳文茜取笑。

於是，我掛了電話給醫院的華裔聯絡員。她說，「我也不知道是會什麼狀況耶，您就來給醫生看看吧！」聲音之甜美有如鄧麗君，如果不是真的有事，真想馬上就奔過去。那天出去辦事就先土法煉鋼，買了一推 Ginger Ale 配檸檬喝，退燒兼利尿，另加一大罐加州梅汁（Prune Juice）來通便，把病毒全排出去。

從小，由於大人經常不在家，我們生病都是土法煉鋼，自己料理自己，發燒，就悶在棉被裡發汗；嘔吐，就自己清理、抹地；咳嗽，還能幹嘛？就咳啊。

那時流行所謂的「小兒百日咳」，就咳上一百天，大人也不會覺得奇怪。

好多年前在新加坡有位女友。有次她感冒了，我跟她說，「妳好好休息幾天吧！」結果那幾天對她不聞不問，把她氣死了。

她是家裡獨生女，父親還是名中醫，作夢也不曾想過要自己孤單地對付病魔。

我那天晚上其實很慘，半夜光是爬起來上廁所就不下七、八遍，但是想起第二天要看醫生，就有點暗爽。

看醫生有什麼好暗爽的？

好啦，好啦，看醫生是沒什麼爽，但重點是還有護士啊。ㄟ……看雞雞耶。

第二天照往常一般吃早餐、讀報紙。這是我每天必做的工作，而且讀報的時間很長、很長……。

終於讀完時已近中午，有著鄧麗君甜美聲音的「南丁格爾」影像突然躍入腦際。啊，是該去了。

可是，也是突然，我發現，馬的，好像好了。小雞雞已經沒那麼痠痛，讀報紙的幾小時，也只上過一次廁所。

天哪！我為什麼要讀這麼久的報紙！我為什麼昨天晚上要把它尿光！我恨我自己！這個世界，為什麼這麼殘酷？

好夢由來最易醒，一場「俏護士＋小雞雞」的春夢，就這樣了無痕了，我真不敢相信。人生，究竟還有什麼意義呢？

不過，「俏護士＋小雞雞」也不必然都會變成美事唷。

高中時有位楊姓同學，皮膚黝黑發亮，眼如銅鈴，身高一百八十好幾，胸肌兩坨、腹肌八塊，是學校田徑隊的標槍、三級跳選手，我們都稱他為「楊鐵人」。

有次「楊鐵人」的開明老爹要他去割包皮，躺在手術台上的他看到護士走進來準備幫他剃陰毛，嚇得他趕快拿起醫院體貼備在一旁的報紙。

他後來承認，真的不記得報紙是否拿反了。總之，他的那話兒背叛了他，當場「山川壯麗，物產豐隆……」起來。

結果，楊同學說，就在他面紅耳赤、汗流浹背的當頭，那位護士走過來，正眼不瞧，不發一語，沒事般的用指頭在他立起的、還包有包皮的龜頭用力一彈。楊同學說「馬的，痛死我啦」，那根頂天立地的東西就含羞草一樣縮回去了。

小時住眷村，遊戲都是自己DIY，玩輸了要受懲罰。有次忘了是什麼事，總之大偉必須要把小雞雞亮給女生看，一群小女生嘰嘰喳喳和大偉進到眷村裡常見的防空洞，一會兒，住我家後面的李家小妹出來了，笑眯眯的、口中直嚷：「屌屌好白唷！」

廢話，那時大家都是小學二、三年級生，全是不毛之地，當然好白。而且我相信也要很多、很多年以後，那群看過「屌屌（前個第三聲，後個第二聲）」的小女生才會知道真有「屌」這個中國造字的傑作。

早期的眷村都是以扶桑花做圍籬，鑽來鑽去很方便，躲起貓貓來更有「風吹草動」的神祕。

有一次，大夥兒到某家去偷摘芭樂，鑽進院子之後，潛近有燈光窗下進行偵察的「楊大頭」招手叫大家過去。原來屋內燈下那位叔叔正躺在床上讀小說，一隻手卻握著他那顯然是勃起的雞雞，有些許磨蹭的動作。

好玩的是，大家看了都沒什麼「感想」，只有一個小女生發出了低低的、有點嫌棄的「ㄟ唷……」，然後就照樣四散去偷芭樂，沒人去管那個叔叔究竟在幹嘛？

我姊姊的孩子小時候有次在外頭玩，不留意被蜜蜂叮到小雞雞，腫得滿大，上面貼了個撒隆巴斯，把我們笑死。

不久之後，我帶孩子坐火車橫渡美國，那時才六歲的兒子以中居然在火車上亂掰，說是他表哥有天幫媽媽做事，臨時尿急，結果因為手上還沾有早餐的蜂蜜，引來蜜蜂在手扶著、正在撒尿的小雞雞上盤旋，他一急，就掄起另隻手上的榔頭敲下去，結果就把雞雞打腫啦，逗得整個車廂的旅客笑得人仰馬翻。

我到美國唸書的時候，有個同學大概是好萊塢電影看多了，以為在美國吊「金絲貓」很容易，為了「工欲善其事，必先利其器」，出國前偷偷跑到台北重慶北路一帶的小診所割包皮，結果碰上蒙古大夫，大概是割掉包皮之後處理得不乾淨，居然開始發炎、腫脹，綁上紗布、繃帶的小雞雞變成了「大雞雞」。

問題是馬上要出國了，也要對現任女友有所交代，只好硬著頭皮戴上保險套辦事。他說：「靠，光是套上去就費了老半天，你想想看有多大，不過我看得出來她（女友）還頗滿意的。」

說到割包皮，我也算開明。以中有一年到曼谷來，我就鼓勵他去割包皮，因為曼谷是變性手術大本營，割包皮？小 Case 啦。

沒想到他連忙搖手說不要，理由竟然是，「他們（曼谷醫生）一天到晚做變性手術，

曼谷的雞雞廟。

萬一技癢，把我整根割掉了，怎麼辦？」說得也有道理。

最離譜的事情發生在我的好友身上，他在曼谷把一位「站壁的」帶到旅館裡，三脫兩脫，對方居然露出一隻小雞雞，嚇得他魂飛天外。

我問他，「怎麼可能看不出來，你那天喝醉了嗎？」他發誓自己是清醒的，對方真的是「國色天香」，脫到最後才圖窮匕現。

當年刺秦王，真不該派荊軻去。

好了，最後來猜個謎語。

「男人的隱疾」猜一種食品。

謎底：雞蛋（Egg）

Mmmmm……讓我來想想看……

不久前生了個小病，寫了篇自娛娛人的〈雞雞物語〉，引來不少朋友的關心，根據我所描述的徵狀對我的病情做出許多好心建議與猜測——攝護腺肥大、大腸癌、帶狀皰疹……我自己懷疑又不敢去證實的梅毒、淋病、愛滋……blahblahblah。

其中有位住在巴里島的星象家，心焦之餘取出哈伯伯望遠鏡對空一瞧，立刻捎來訊息，「你恐怕是太累了。」

這，證明了我國的古老星象學確實勝過X光，諸葛亮在赤壁之戰夜觀星象也絕非故弄玄虛。

因為，我，確實是太累了。

先說為什麼要用哈伯伯望遠鏡去看天空（老外比較偷懶，說是「哈伯望遠鏡」，可是少個「伯」就會「失之毫釐，謬以千里」唷）。

因為，在下我是天上的文昌星君下凡。

這是我當年不想驚動大家和前妻偷偷結婚後，氣得半死的岳母無奈之餘偷偷拿我八字去算出來的。所以前述的「太空門診」，也不見得適用每一個人。

好了，回到正題。

這五、六年來，我和孩子相隔重洋，每年都只有暑假可以見面。多半是他們來，在曼谷住段時間，然後一起去台灣玩耍幾天，再前往美國作一次十天左右公路旅行，然後到紐約市讓我媽看一看。

我算過，運氣好的話活到八十歲，那我和兒女還可以見面二十二次。但這是最理想的狀態，因為他們現在還是學生，暑假反正要有個地方去，一旦畢業甚至成家立業，也許一年都見不到一次。

我當年到美國念書，家裡的環境根本不允許假期回台探親，必須留在美國打工、掙學費，三年之後才好不容易回去一次，還是因為父親腿骨摔碎，回去陪他三個月，走的時候他說：「你這一走，不知道還能不能再見到你。」

一年之後，他突然過世，果然沒見到。

到紐約讓我媽看，理由也是一樣，只是次數已經不敢算。

她每年八月過生日，我只知道她已八十多歲，但從來不想去面對現實，算她究竟已經幾歲？好在她的身體算是勇健，美國的醫療條件也好。

所以我很珍惜這些和家人相聚的時光。

孩子顯然不會理解這些。他們來，是「玩」的心情，是一年學校生活結束後的解放。

我在這邊，卻是「過日子」的心情，每天還是需要工作，兩邊調適起來，總是我向他們的需求傾斜的情況。但是不能說，只能盡力配合。

所以很累。

孩子來，最常問的一句話就是：「把拔，我們今天要幹嘛？」

我心裡想說的話其實是，「你們沒來，我什麼嘛也不想幹。」可是出口的卻是，「Mmmmm……讓我來想想看……。」

很多人見到我的外表，都以為我是那種很外向、喜熱鬧、大碗吃肉、大口喝酒的人。

其實我比馬英九還宅，宅到幾天不出門是常有的事。

我喜歡一個人在家裡，讀報、聽音樂、練吉他……對我，那是無上的享受，經常連飯都懶得吃。ㄟ……沒錯，就是孔老夫子說的「廢寢忘食」。

一個人生活了十五、六、七、八年，真是甘之如飴，雖南面王亦不易也。

這年頭很流行「分享」這個詞兒，只是我很確定絕不會也不想再跟任何人來分享我的自在生活了。

一個人過生活最過癮的並不止是「想幹嘛就幹嘛」，而是「不想幹嘛就能不幹嘛」。

可是旁邊如果有人，再親，也會互相干擾，「想幹嘛就幹嘛」乃至於「不想幹嘛就能不幹嘛」，都會變成奢侈的事。

譬如說孩子來，我就必須犧牲原來習之為常、愛吃不吃的「自由式」三餐。

我平常的餐飲很簡單，簡直像和尚，自己不開伙，頂多是到超市買包配好的蔬菜、肉丸、魚丸……，一古腦下鍋，加進泰國那種好吃無比的甜辣醬，一餐就解決了。

早餐、晚餐更簡單，基本上就是水果餐，泰國的熱帶水果又多樣、又好吃、又便宜，所以我切水果的刀工不是普通的一咩咩。

這樣過日子有個最大好處，就是偶爾有機會外食，那真是什麼東西都好吃。

但是孩子來了，不忍心讓他們也當「苦行僧」，只好絞盡腦汁。

當然不是自己做，我家除了一個蒸鍋，幾乎沒有任何其他炊具，去年訂報有個烤麵包機贈品，放在那邊一年了還沒開封。

前年兒子來，帶他參加曼谷當地華人社團聚會，抽中一個電火鍋，滿好用，但也是等他們放假來時才用得著。女兒這次來，經過台灣時順道帶來一罐沙茶醬，說是要吃火鍋。我跟她說，「先讓我試一下那個鍋，看是不是還是好的？」

所以我的絞盡腦汁，是在想到底要帶他們到哪裡？吃些什麼？

好在泰國吃食便宜。其實絕大多數泰國人家裡也不開伙，多數都是外食。

不過那就要出門，對我來說真是苦事。特別是為了「吃」這檔事，即使是走到社區大門外吃盤炒飯，我都覺得浪費時間。

而且我的胃早已習慣清淡，幾天下來就開始不舒服、感覺脹氣、消化不良。可是看到孩子吃得高興，就跟著吃吧。

那位朋友說，「你恐怕是太累了。」真是不假。

我平常的生活很像當兵，一大早就起床做早操、準備早餐，完全照表操課，規律得一塌糊塗。

這次兒子先來，才第三天，我就累得無法早起了，一覺睡到九點多，自後就天天晚起，有次更誇張，睡到十點半才爬起來，起床後趕著張羅吃的，每天的早操不時就會斷掉。緊接著女兒也到了，還帶了位朋友，真是忙翻了。

早操？能起得了床就算不錯了。

平時，起床後的第一件事是開音樂。現在不行了，孩子還在睡，怕吵了他們。讀完報後，習慣練兩小時的琴，現在也不行了，因為吃過早餐後的孩子問了，「把拔，我們今天要幹嘛？」

我其實什麼嘛也不想幹，但是現在哪裡辦得到？

所以，「Mmmmmm……讓我來想想……我們今天可以幹……嘛……？」

醬油稀飯

女兒掛電話說要和朋友去夜店，「玩得太晚的話，今晚就不回來了。」

早上起床，看到冰箱裡女兒前天煮失敗之後被我改造的一鍋稀飯。昨天已經吃過一趟，「今天就繼續吃吧」。

獨居久了，從不開伙，三餐極簡，都是切切弄弄就可吃的水果、乾果類，朋友常笑我吃鳥食，我甘之如飴。

女兒來之前，親朋好友都說「女兒來陪，真好，一定很開心喔」。只有我自己知道將會是怎麼回事，「開心當然開心，可不一定真好」。

我是說真的，我不習慣別人分享生活，甚至親如女兒亦如此，而且很多時候，那不是分享而是干擾。

我習慣在家裡練吉他、放聲唱歌，女兒來了後，每次我開始練琴她就關起門。這很正常，她有事要做，不想受我干擾，而我過去可以毫無顧忌開懷唱歌，現在總覺得壓抑。這，也是因為覺得受到干擾。

我跟女兒說我們就兩個人，不用開伙，社區門口有很多熟食可買。女兒說不知他們在食物裡放了什麼，她還是想自己煮。

突然之間，原先整潔、簡單的廚房變複雜、紊亂了，多出了不少我原先視為「廢物」的東西。

問題是女兒為曼谷美食雜誌工作，一天到晚在外吃美食，僅有的幾次自己煮食，每每弄得廚房天下大亂，最終還是得我收拾。最慘的是，兩個人的食物很難拿捏，我又變回了當年的剩菜、剩飯處理機。

天下的父母可能都一樣，捨不得把剩菜、剩飯就這樣丟掉。從小，我們就會背「朱子治家格言」——「一粥一飯，當思來處不易，半絲半縷，恆念物力維艱。」

孩子小的時候，我也常常半開玩笑指著肚腩說，「這都是幫你們吃剩菜弄出來的。」其實，那並不誇張。

孩子長大，開始有自己的意見、想法，做父母的該怎麼辦呢？

兒子年初迷上「德州撲克」，在賭場輸了不少錢。我本不知，他暑假主動掛電話提起，說是很懊惱，輸掉我辛苦賺來給他、他自己在網上做生意賺來的錢，學校的課業也耽誤了，他決心不再進賭場。

前排弟弟梁東俊、二妹梁蕙華。二排我、大妹梁蕙嫻。後排大姊梁蕙玲、媽媽宋瑛、爸爸梁偉鴻。

我很欣慰他覺悟，沒說一句重話，只跟他說，「我這輩子沒見過一個成功的賭徒，但是知道太多因賭而傷身敗家的人。」也沒問他輸了多少，我不想知道。

一個月前，輾轉聽說他又去了。我主動問他，他承認了，也說覺得自己很羞恥，再也不會去，我相信了，只告訴他人生裡有很多事情是可以靠努力達成目標，但不是賭博。

結果他還是去了。我真的很傷心，因為他學會了欺騙，已經漸漸成了真的賭徒。

我掛電話問他為什麼？他說他認為「德州撲克」不是賭博，而是一種賺錢的方法，他認為他可以。我不想再說什麼，問他輸了多少，「起先是輸了不少，最近贏回來一些，大概還輸四千（美金）左右。」

那你還有多少錢呢？

「九千。」

「好，如果輸光就輸光了，不可以去動別的腦筋。我知道你認為我這一生並不成功，但是我隻手把你跟你姊姊帶大，靠的就是一步一腳印努力工作，你如果相信可以靠賭博致富，我始終是擋不住你的，你如果硬要自己去撞一下，就去吧，但是自己的事情自己負責。」

這次是真的體會到什麼是欲哭無淚，離開身邊才六年，曾經這麼乖巧又聽話，兩年前開始在網上做生意賺錢，讓我十分欣慰的孩子，現在竟然一心一意成為賭徒。

女兒來了之後，我們雖然住在一起，其實見面的時間卻不多，她常常一個電話或是留言「今晚不回家了」，我也習慣了。

熱好稀飯，擺好豐盛的小菜，我突然有個想法，打開櫥櫃取出醬油瓶，這種像餐廳裡用的小醬油瓶很好用，我用醬油在稀飯上畫了一張小臉，然後用調羹調開，嘗了一口，真好吃啊。

小的時候，經常早餐沒有菜，只有一鍋稀飯，我們就吃醬油稀飯，那時的「鮮大王」醬油都是大瓶，要用拇指壓住瓶口才能控制流量，否則倒多了稀飯會因醬油味太重而不好吃。

我現在坐在千里之外曼谷一間公寓明亮的飯廳裡，一個人對著一桌菜吃醬油稀飯，彷彿又看到五十多年前左營眷村裡天花板吊著昏黃燈泡的飯廳，一個小男孩站在凳子上，危顫顫地雙手握著醬油瓶，專注地往稀飯碗裡倒醬油。

難忘的親子之旅

終於走了趟66號公路（Route 66）。

美國的公路系統全球聞名，不但四通八達，而且沿路不論是住宿、飲食、車輛維護、添加油料都有一定水準與便利。所以在美國進行公路旅行，是十分享受的一件事，安全性也無須顧慮。

不過我在美國曾經住了長達十九年，東、西橫貫公路不知跑了幾趟，兩岸風景優美的沿海公路也多有涉足，唯獨最嚮往、最該走一趟的66號公路，卻是直等到離開美國六年之後，才在二〇〇四年六月間趁陪兒子回美念書之際，終於跑了一趟。

為什麼會這樣呢？

我想，可能正因為一直把跑趟66號公路當成在美國公路旅行的「朝聖」之舉，不願意輕易為之，所以才一拖再拖。

原先的規畫是騎摩托車，因此還特地把我那輛ＢＭＷ摩托車留在紐約，沒想到一留就是六年，直到今年才有機會一償夙願。哪裡知道「九一一恐怖攻擊事件」之後，紐約市車管處居然改了規定，使得我當時因為離開美國而暫時註銷的車牌一時無法恢復，最終只得打消騎車的念頭。

也還好有這個旁生的枝節，所以才能把女兒從洛杉磯叫來，我們三人就租了輛車，從紐約市開始，沿路拜訪親朋好友，直上66號公路起點、密西根湖畔的芝加哥，然後左轉對準美國西岸加利福尼亞州太平洋岸風景如畫的聖塔蒙尼卡，跑了一趟終身無法忘懷的66號公路親子之旅。

66號公路為什麼這麼值得走呢？

這條公路有兩個最常被人稱呼的別名，一是「美國大街」（The Main Street Of America），另一則是「公路之母」（The Mother Road）。

為什麼叫作「美國大街」呢？

因為它正式通車於一九二六年十一月十一日，是美國最早的由東到西通衢大道，當年美國歷經大蕭條之際，許多東部的人就是駕著篷車，經由66號公路僕僕風塵前往西部尋求生路；美國一九六二年諾貝爾文學獎作家史坦貝克還以66號公路為背景寫成膾炙人口的名著《憤怒的葡萄》（*The Wrath Of The Grape*）。因此將它稱為「美國大街」，誰曰不宜？

那麼，為什麼又有人將之稱為「公路之母」呢？

如前所述，66號公路是於一九二六年通車，所以那已不僅是「公路之母」而是「公路之祖母」了。

更重要的是，美國從一九五〇年代開始興建現代化公路，基本上都是以66號公路為範本。事實上，現今美國的主要橫貫公路，根本上也是沿著當年66號公路的老路線。所以，66號公路就是「公路之母」，沒什麼好爭的。

美國的現代化公路一條條出爐之後，駕駛人及運輸業當然都喜歡使用又新又寬安全性又高的現代公路，在這種情況下，僅有兩線道而且是雙向行車的66號公路就自然「退休」了。幾十年下來不但柔腸寸斷，許多路段甚至消失於荒煙蔓草之中。

所幸的是，世界上總有批吃飽閒閒沒代誌的懷舊人士，他們覺得這樣一條在美國歷史上有價值的道路，怎麼可以任它湮滅呢？於是開始積極奔走、遊說，呼籲66號路所經過的八個州政府修復損毀的路面，同時發動民間成立認養基金會。

就這樣如此這般地把66號公路從墳墓中搶救出來，成為懷舊人士的公路「麥加」。

66號公路之所以特別，在於它一路上有太多美國的歷史遺跡、名城，乃至於當年盛極一時但現今已成為荒無人煙的「鬼城」（Ghost town）所在，最適合像我這種LKK悠遊其上。

我們這次行至亞利桑那州，在荒漠中停下加油之際，突聞摩托車聲「嘟嘟」而來，轉頭一看，居然是位灰頭土臉的「阿拉伯勞倫斯」，騎著輛其帥無比的骨董摩托車也來加油。

攀談之下，這位滿臉皺紋、僕僕風塵、年近七十的老兄來自德國，已經在66號公路上混了將近一個月。更精采的是，他那輛哈雷機車出廠年份是一九三六年，當時已經六十八歲了！想像得出來嗎？

坦白地說，走66號公路，最理想的方式是帶個帳篷騎摩托車，有營地就露營，沒營地就住汽車旅館。但是這終究不是人人可以做到的玩法，所以還是租車比較實際一點。

不過租車時一定要注意一件事，就是要買全險。買全險並不是為了防人禍（如偷車）而是為了防天災（如龍捲風）。

龍捲風？不錯，龍捲風，這玩意兒在德州、奧克拉荷馬州是常見的Case。

我們這次半路在德州一個叫維加的小鎮遊覽完畢，正準備往下站進發，突然覺得風勢有點加強，遠處的天邊則烏雲密布而且愈來愈暗，而且雲的形狀很詭異。我於是叫兒子轉聽當地電台，一聽之下，真把我們嚇得魂飛天外，原來當地電台已經宣布進入龍捲風緊急狀態，呼籲大家趕快回家。

我們也趕緊調回頭，希望趕往距離最近的阿馬瑞洛（Amarillo），走了一半，居然聽到收音機說龍捲風就是要在阿馬瑞洛著陸（Touch Down），可是已來不及再調頭走了，只好硬著頭皮往阿馬瑞洛衝。

上： 66 號公路起點。
右上：在 66 號公路上開車是無比的享受
右中：可能的話，應該騎摩托車走 66 號公路。
右下：走 66 公路要有本好地圖。

天愈來愈黑，風也愈來愈大，老實說，我當時真的很怕，只知道沒命開車，兒子則「興奮」地拿出錄音機留「遺言」給朋友，表示由於老爸判斷錯誤，我們正勇敢地衝向龍捲風的中心。

還好，我們一進城就找到間旅館，Check in之後，剛進房放好行李，就聽到震耳的「乒乒乒」之聲，往窗外一看，不但已經狂風大作，而且一粒粒如棒球大小的冰雹從天而降，煞是嚇人。旅館方面則通知大家遠離窗戶，並且最好到樓下大廳集合，以策安全。我們後來才知道，當天龍捲風並未成形，不過卻變成狂風雹（Hail Storm），也還好我們及時躲進旅館，才沒有被打得「滿頭包」。

可是第二天早上出去一看，頭都昏了。幾乎所有車輛的玻璃都被冰雹擊破，我們的也沒有倖免，擋風玻璃全被擊裂，只是沒破洞而已，車身則是一個個凹洞，當地的租車公司經此大難，也沒有車換給我們，只好把車開去讓他們檢查，確定可以撐到下一站新墨西哥州的阿柏克爾齊（Albuquerque），因此決定開去換車。

也還好租車時買了全險，毫無困難就換了另輛新車。否則的話，根據我的經驗，光是修復那些損傷，可能要超過一千美元。

在66號公路上開車其實是種無與倫比的享受。

美國的現代高速公路又寬又直，但是駕車於其上就只是「趕路」而已，沿路的風景又殊無變化，到了休息站，不是「漢堡王」就是「麥當勞」，老實說，我開半個小時就感到疲倦、想打瞌睡了。

可是66號公路卻不一樣。

首先，它沿路經過無數小鎮，每個轉角，都可能有意想不到的驚喜等著你，不會想睡覺的；其次，雖然只有兩線道而且是雙向開車，但是經常整條路上就只有你一輛車，不像在州際公路上不停地要超車或被超。最酷的就是，那些沒命飛馳的「拖拉庫」，是不會上66號公路的。

因此，66號公路開起來沒有一點心理負擔，完全沒有「趕路」的感覺。

66號公路經過的地方人煙稀少，有天來到一處廣漠，看看四下無人，就讓兒子坐上駕駛座，開始教他開車了。這是他生平第一次手握駕駛盤腳踩油門，興奮得不得了。後來他在加州住定後，很快就考取了駕照，應該跟那次的「啟蒙」有很大關係。女兒那時則已有學習執照。半路上，我看看前面路況相當平坦，又無其他車輛，就把車交給她「練習、練習」。

哪裡知道開了幾哩路後，一個轉彎竟然上山了。我的天，那段路跟北宜公路的九彎十八拐真是有得拚，路的寬度又僅容雙向車擦肩而過，女兒很緊張，會開車的人都知道，那種情況下，坐在旁邊的更緊張，可是為了給她信心，我雖然很想，但是卻「拚死」忍住不開口要求換手。

那段山路足足開了近一個小時，我坐在旁邊手心冒汗，右腳跟著女兒的每次轉彎緊張地「踩煞車」，好不容易下得山來，居然是處美得讓人窒息的小鎮，小鎮無人，卻有靈巧的小兔子在街上跳來跳去。我和女兒都屬兔，就在那邊玩了半天。

第二天在另個鎮上參觀66公路博物館，觀賞了一段錄影，赫然發現我們前一天經過的竟是66號公路最驚險的一段。我和女兒對看吐吐舌頭，互相換了個「好險」的表情。

女兒經此一役，信心大增，66號公路最險的一段都開過了，還怕什麼？

後來的路程上，我就經常讓女兒接手，順便給了她許多認識各種路況的機會教育，也算是一大收穫。

最後，前面說過美國後來的橫貫公路都是66號公路的「後代」，而且基本上是沿著66號公路興建的，所以雖然66號公路大體上是「鄉間」的路，但是盡可以放心大膽地走，因為隨時都可以轉回不遠處的州際公路，我們就常常在看看天色向晚的時候轉回公路。

只不過走66號公路，還是一定要有份好的、清楚的地圖。

有關66號公路的地圖有很多，但是不見得都適用。這是因為66號公路曾經廢棄過，後來「接回來」之後有很多岔路、小道，特別是進城、出城之際最容易迷失，因此一份好地圖就很重要了。

我，以芃和以中。

我的經驗是，在起點附近的密西根大道上，有間叫作「內行旅行者」（Savvy Traveler）」的店，店裡有份才美金四塊九毛五、名稱為「歷史性的66號公路」（Historic Route 66）的地圖，非常詳細，但是整體而言又很簡單明瞭，最好用。

買了地圖之後出門左轉，大約五十公尺處，有間相當不錯的路邊咖啡店，吃了早餐之後就上路吧，不會後悔的。

那滴眼淚

爸爸過世很久了，我常常還會想起他。

小時候住在左營眷村，家裡的環境並不怎麼好，但是爸爸畢竟有固定收入，而且還有軍糧眷補，因此除了接濟大陸的親人之外，爸爸也經常送些米、油給住在高雄、家境更為清苦的大伯。

大伯家在苓雅區。爸爸從左營騎單車去，至少也要一個鐘頭吧，他就這樣去，從未抱怨過，有次不小心摔倒，油瓶打破，他也就默默地回來，沒說什麼，所有的事都埋在心裡。

印象中的爸爸老是在工作。白天上班，晚上就坐在書桌前一邊抖腿、一邊抽菸、一邊翻譯，拚命賺些外快。

那時常聽村中的大人說「男抖窮、女抖賤」，就常想爸爸為什麼老是抖腿，難怪從早忙到晚，我們還是那麼窮。

想歸想，哪裡敢講，因為爸爸從來不苟言笑，我們吃飯時坐姿不正或是弄出聲響，都會當場捱罵。

我當然也萬萬想不到，這樣嚴肅的爸爸居然會在我面前哭。

眷村其實就是那樣，白天男人都去上班，女人就在家操持家務、三姑六婆串串門子，很多事情就容易一窩蜂。

村子裡不知道怎麼開始流行打麻將，媽媽居然沉迷進去，常常玩到忘記還有個家。我那時唸小學，經常回家時空無一人，門也鎖著，只得從屋後煤球爐灶間爬進屋裡，也還記得肚子餓得慌，自己起火、熱油，和麵粉做麻花炸著吃。

媽媽迷上麻將，家務變得有一搭、沒一搭，和爸爸之間也常為這些事起齟齬，可是改不了媽媽的執迷。我們小孩子也都習慣了媽媽不在家就是去打麻將的現實。

終於有一天，爸爸下班到家之後發現家裡什麼都沒有，真的是什麼都沒有，媽媽當然不在家，也不知道究竟在哪一家打麻將。

等了一陣子，大家都餓了，可是確實不知道媽媽什麼時候會回來，或者到底會不會回來。爸爸後來沉著臉叫我過去，交代我去斜對面的馮婆婆家借錢。

去到馮婆婆家，說是爸爸要我來借錢，馮婆婆也沒說什麼，但好像什麼都知道似的搖搖頭、嘆了口氣，就從懷兜裡拿了些錢給我。

我回到家把錢交給爸爸，就在接過錢的時候，爸爸望了我一眼，然後突然雙眼泛紅、頭一勾哭了起來。

也許是因為在自己孩子的面前，爸爸哭的時候，嘴唇下撇成一弧形，眼淚從緊閉的眼角流出，應該是想要忍住聲音，嘴唇抿著，那衝不出來的哭聲，就嗯哼嗯哼地從鼻孔中抽搐傳出，瘦削的肩膀則在汗衫裡一上一下的起伏。

我那時實在年齡太小，對於爸爸的哭，只有種不知所措的慌張，甚至不理解爸爸為什麼要哭。一直到自己過了中年，也在類似的情境下哭過，才知道那種椎心的痛、那種不知道應該向誰去訴說的苦楚，而追悔當年沒有扶著爸爸的肩膀說，「爸爸不要哭。」一

爸爸從小就是家族裡最會讀書的孩子，還被鄉裡的人稱作「小書袋」，當然也甚獲寵愛。後來因為不敢違背公公作主為他安排了一門婚事，只得勉強成婚，之後就藉口要唸書而去了廣州。

哪裡知道這一走就是廣州、青島、上海最後到了台灣，再也沒回過家鄉。

爸爸是國民黨軍人，家鄉的親戚都因此吃了很多苦頭，也因為如此，我們從小就知道再怎麼辛苦，大陸的親友是一定要接濟的。

到今天，我還都能很準確地回味小時候常吃醬油稀飯的滋味，把醬油倒進稀飯時要用大拇指壓住瓶口，這樣才能控制流量，不會倒多了。倒多了不但浪費，而且醬油味太重也不好吃。我後來還常常對小我八歲弟弟說，「你長得比我高，是因為你有好東西吃。」

到我唸初二的時候，大陸傳來了公公的死訊，竟是被鬥爭之後活活給打死的，打死之

前還被灌吃牛糞。這個消息讓爸爸簡直無法承受，他認為公公死得這麼慘，跟他是國民黨軍人有直接的關係，因此十分自責。

其實我們幾個孩子對公公的死並沒有特別感覺。於我們而言，公公、婆婆只是高高掛在客廳牆上，逢年過節必須朝之跪拜叩頭的照片，對於他們僅有的一點印象，也就是爸爸長得像公公，而大伯像婆婆。

正因為這種從未謀面的淡遠，我那段時間每天在上學的半途就偷偷把臂上戴的孝布摘下，深恐同學問起家裡是誰過世，似乎那是件不吉或丟臉的事。直到放學後，才在快到家時重新掛上。所以對於爸爸那種悲傷與憾恨，實際上是無法感受的。

爸爸則變得更嚴肅、沉默，每天還是穿著軍裝上下班，但是胸前別著一塊黑色孝布。那段時間的爸爸常常眼神茫然地呆坐在客廳，不知在想什麼？原本就清瘦的臉顯得更瘦削，鬍渣子也像流浪漢一般長出來，我們都不敢跟他說話。

可是家裡的小孩當中，只有我多知道一點爸爸的悲痛。

家裡的房間不多，我和爸爸共用一間，我睡上鋪。那段時間，竟經常在半夜被爸爸的哭聲驚醒，醒的時候一片漆黑，也不敢探頭往下看，只能在黑暗中睜著眼睛聽爸爸「嗚，嗚……」的悲切哭聲，並且感受床隨著哭聲淺淺地顫動。爸爸應當是擁著被子坐在床上哭。

啊，可是也要等許多許多年之後，我才能體會在闃無人聲的暗夜裡，一個人坐在床上哀哭，是種多麼無助的悲傷。

高二時，由於幾乎被退學，只得插班轉到台北師大附中，爸爸那時覺得在軍中已無前途，正好世交陳伯伯要辦玩具廠，邀請爸爸出任廠長，就辦理退伍了。

說是玩具廠，其實就是設在三層樓公寓房子裡的家庭工廠，除了爸爸之外，有位香港請來的師傅，再加兩位工人，如此而已。我和爸爸就住在一樓用夾板隔出、四坪大小的辦公室兼臥室裡。也是雙層床，我還是睡上鋪。

剛開始時，由於對未來充滿憧憬，我和爸爸對於新環境也頗感興奮，兩人常常在外面的小飯店包飯吃客餐。

一段時間以後，發現好像不是那麼回事，陳伯伯雖無惡意但給薪水的方式不甚乾脆，像施捨般零零碎碎，甚至出現沒錢吃飯的情況，爸爸有軍人的脾氣，但礙於交情不便發作，倒是常常跟我抱怨，我也才發現爸爸開始把我當大人看待了。

後來為著省錢，遂自行開伙，煮些簡單吃食，當然都是爸爸動手，最常吃的就是蘿蔔骨頭湯，那種沒什麼肉但是可以吸食骨髓的骨頭。

父子兩人每天就在那小小的空間裡相依為命，倒成了我與他相處最親密、最值得回憶的一段時光。

高二下結束，我在班上被級任導師宣布退學。那天回到住處，爸爸已經在辦公桌上鋪開報紙擺好菜、飯，可是我心裡很亂，哪裡吃得下。

爸看我表情不對，問我怎麼回事？我怎麼敢講。

我從小就會惹麻煩，爸爸的管教就是打，藤條打、皮帶抽，甚至還曾被綁在家裡前院的樹幹上打。

這種管教方式在那個年代其實很普通，叫作「不打不成材」。主要的原因就是家家戶戶都希望孩子能讀好書、成大器，不要像每家的爸爸一樣又變成軍人，吃不飽、餓不死。然而這種管教方法造成的後遺症就是孩子反而不跟父母溝通，反正遲早都是一頓打。我也就從小養成了打死不說的習性。

現在出了要被開除這麼大的事，我也抱了打死不說的決心。爸爸一直問，我就是低著頭不說。爸爸那時已經決定要離開玩具廠，離鄉背井去跑船、賺更多的錢，而且已經談妥，大約兩個月之後就要離開台灣了。

我的盤算則是頂多熬兩個月，就算是被開除，我也天天背書包出門，等爸爸走了就沒事了，以後再想辦法用「同等學力」去考大學。現在不說話，頂多捱頓揍吧。

可是爸爸卻沒有打我，他罵我甚至求我，就是沒打我，但是我已經吃了秤錘鐵了心，也撐著不開口。

許多年之後，我才能體會在闃無人聲的暗夜裡，一個人坐在床上哀哭是種多麼無助的悲傷。

突然，爸爸竟然抱著我的頭哭了起來，哽咽地說，「你這樣，我怎麼放心去跑船。」口中的熱氣呼呼地吹到我的脖子上，也就在這時候，爸爸的一顆眼淚滴到我的後頸。

爸爸沒有打我，卻哭了。

我突然覺得很悲傷，就老實地把學校的事說出來。爸爸聽完之後沒說什麼，立刻掛電話給他的好友，也是他知道即將離開後為我在台北所安排的監護人，要他幫忙想辦法，然後說，「先吃飯吧。」

直到今天，我都還能很清楚地回憶起爸爸那顆眼淚滴在我脖子上的感覺。

毀家紀事

半生顛沛流離，搬家是少不了的。

而此番，竟是毀家了。

離婚十餘載，兒女一直在身邊，多少歡樂及淚水。想著，也總是好。

過往每次搬家，都有牽掛。第一次擁有個家，是二十年前的事，那次從紐約的一處地下室搬出，真是興奮，所有的東西都捨不得丟，回到地面了。甚至從垃圾桶揀出木塊釘成的花架都帶著走，布置成一個家，腳踩在其實已很破舊的地毯上，說有多踏實，就有多踏實。

中間回過台北，一年半後再回美國，女兒、兒子都已出生，買了更大的房子，那個充滿童聲童語溫暖的窩，此生忘不了。

然而世事總是多折磨，夫妻間出了問題，竟至無法挽回的地步。

離婚時，房屋、車子、存款全給了前妻，唯一的條件是孩子歸我。事已至此，除了孩子，沒有什麼想要的了。

跟報社借了五萬元美金，買了一個小公寓。兩間臥室，女兒一間、兒子一間，我就在客廳打地鋪。可是啊，一個六歲大、一個五歲大的女兒和兒子，每晚都跑來跟我擠地鋪，一個在左、一個在右，睡得那麼心滿意足，足足五年時間，現在想起還會流淚。

六年前奉調東南亞，找了個寬敞的公寓，從美國運來的東西並不多，最主要的是女兒、兒子的床、書桌，讓他們有延續的感覺。至於我嘛，我終於又有了自己的房間、臥床，布置好等他們來，心裡的滿足感很難形容。

女兒、兒子來了之後雀躍萬分，所住公寓的電梯是透明的，可以望見外面的景色，他們帶著大包小包的行李，在電梯內驚呼：「好像旅館哦。」進到房間後更是高興，同樣的床、同樣的書桌。我本來想跟他們說：「爸爸也很高興，因為爸爸終於也有自己的床了。」可是沒敢說，怕勾起回憶。

剛開始時，他們還是跟我擠一張床，不過很快就停止了，後來各自的房門還經常鎖起來，我要找他們，還得敲門，可是覺得更滿足了。

兒女畢竟會長大。女兒在去年八月回美國去，兒子今年七月也要前往繼續學業。

女兒走的時候，我很傷心，她的房間一直維持原樣，假期時她來看我，所有的東西都在那邊，她覺得一切都沒有改變，可是我知道不一樣了。兒子的學校今年開學時有份問卷需要我簽名，我瞄了一下，兒子寫著這世界上對他最重要的就是家人，特別是爸爸，因為「他一手帶大我們」。

人的生活，原本就可以很簡單。

我偷偷地哭了。可是他終究還是得走了。

二十年前，我的父親腿骨摔碎，我從美國趕回台灣照顧他，三個月後再回美繼續學業，臨行時他對著我說，「這次你一走，不知道是否還能再見到你？」一年後他突然過世，果然沒再見到我。

世事的憾恨，多半如此。

女兒和兒子在美國是和前妻住在一起，我當然放心。但是我也知道此去經年，恐是良辰美景虛設，再見他們或是與他們再相處的機會，應該是愈來愈少了。

女兒走的時候，說是等她安頓好之後，再把她的鋼琴運過去。她前不久回來，我再問她，她說，「有好價錢就賣掉好了。」上個星期，我把琴賣掉了。

兒子的一套鼓還放在客廳裡，我沒有再問他如何處置，因為我知道等他今年暑假走後，我就會賣掉它。

兒、女離開了，但是責任還未了。畢竟他們只是十五、六歲大的孩子，在經濟上還需要支援。

我已經在計畫搬離這個像「旅館」一樣的公寓。一個人，一個房間就夠了，晚上睡覺時把被褥鋪出來，早晨睡醒後收起來，省下的錢可以匯給他們，讓他們在終於可以自立之前，能夠沒有後顧之憂。

所以啊，除了幾件衣服，工作用的電腦、兩把吉他、一套音響之外，其他的東西，於我而言都已沒有需要了。

女兒、兒子的床、書桌、我的床，曾經和他們一起吃飯、聊天、陪做功課的餐桌，看電視時坐於其上的沙發，蹺著伸長兩腿並置於其上的茶几，兒子長高後不再使用的腳踏車，教過他們做陶藝的拉坯機、電窯，搬來後多買的一座冰箱……這一切，都要賣掉了。

人的生活，原本就可以很簡單的。毀家，也不過就是如此。

勸離不勸合

好友一臉愁苦，「最近很煩，在鬧離婚。」

稍微問了一番，立刻奉上解藥，「那就離吧，晚離不如早離。」自己離婚之後，十多年來，一直就是勸離不勸合。那個「剝了一層皮」的經驗，讓我深深體會兩人不能相處就不要勉強，死賴活拖的結果還是一樣而且可能更慘。

我當時問了好友什麼問題呢？就只是「有沒有第三者？」他說沒有。沒有？那就證明了是單純無法相處。沒什麼好說的了，離吧。

我自己就是死賴活拖的悲慘例子。

和前妻離婚之前一直忍不下心開口，於是自己搬到地下室住，一住兩年半，同在一間屋子裡，但僅有夫妻之名，為的是給孩子一個虛假的家。我告訴自己，「就當這輩子已經過完了，算了。」

後來實在吵得筋疲力盡，再也住不下去。偷偷跟報社借筆錢買了間小公寓，帶著孩子搬出去，前妻見木已成舟，於是提出每晚來陪孩子吃飯的要求，我也覺得很好，畢竟是孩子的媽。

初始確實很好，每天晚餐時間和樂融融。但不多久，才兩星期吧，又開始吵。好友問，「你們吵什麼呢？」

吵什麼？全是雞毛蒜皮不值得吵的事。

好友正杵在這個關口上，聽了就很感同身受地點頭，「我們也是這樣。」真的，事後想想，真是有什麼好吵的，可是就是會吵。不能相處了，其實並沒什麼是非對錯，步步全是陷阱，折磨人的動輒得咎。

那次的吵，就只因為她進門時拎著一袋水果，我告訴她：「下次人來就好，不要帶東西了，家裡都有。」她卻冷冷地說：「孩子又不是你一個人的，我怕他們餓到。」餓到？我每天做好菜、飯等她來陪孩子吃飯，冰箱裡滿滿的，怕孩子餓到？當場就炸開了，兩人都拚起命吵，還動了手。

就在那時候，瞥見站在身旁的兒子驚嚇得全身發抖，女兒也癟著嘴在哭。那時兩個孩子一個五歲、一個六歲，我真的心痛如絞，大人的問題處理不好，怎能讓這麼小、這麼無辜的孩子擔驚受怕。

於是立刻就下了決心，跟她說以後不准再來，我第二天就會找律師處理。就這樣離了。協議小孩週末跟我、平時歸她，我每星期五去學校接孩子，星期一送回學校，決心不再跟她碰面。真不想再吵了啊。

剛開始孩子還不習慣，有次兒子嘟著嘴、滿臉不高興跟我說，「我們以前有個家，現在沒有了。」（We use to have a family, now we don't.）

我該怎麼解釋呢？只好關在廁所裡偷偷流淚，等到眼眶不紅了才敢出去。

還好這段時間不算很長。我們都對孩子虧欠，所以各自跟孩子在一起的時間就盡量補償，很快地，孩子發現還是有關愛他們的父母，只是父母並不住在一起，更重要的是，他們再也不需要因為父母爭吵而驚恐了。

有回，女兒說，「我覺得我比其他同學 Lucky 耶，因為我有兩個家。」我就知道孩子已經走出來了。還有一次去接孩子，學校的老師跟我說，「我必須給你們（我和前妻）Credit，因為學校有很多孩子家裡都有問題，但是 Yvonne（女兒）和 Brez（兒子）表現得很好、很正常。」

我後來常常跟人說，很多人為了孩子不離婚，我恰恰相反，是為了孩子才離婚。而這個決定，是我一生中少數正確的決定之一。而且所幸離得早，孩子還小，不太理解大人的複雜糾葛，隨著時日也就自然而然慢慢地接受了。

二〇〇九年暑假和孩子一道去台北開《閒走@東南亞》新書發表會，來了不少老朋友，多年未見的知交王威寧也到了，他們夫婦顯然很喜歡以芃、以中，頗聊了一會兒。以芃晚上有些得意笑吟吟地對我說，「王叔叔說你失敗一生，唯一的成就就是有我們兩個好孩子。」

這確是事實，孩子成長得這麼好，我很安慰，不敢想像如果當年沒離婚，他們會變成怎麼樣。偶爾想起還會微微心酸的是，姊弟倆這麼懂事、成熟，實在是因為我無法提供他們完滿的家庭，逼得他們從小就要獨自面對、處理很多事。

我所認識的陳啓禮

第一次感受到陳啟禮的「威力」，是一九八五年在紐約市大都會拘留所內採訪「江南（劉宜良）案」槍手董桂森，採訪的過程裡董桂森提到「陳大哥」，早年陸軍士官班出身的他竟然像提到「總統蔣公」一樣，立即恭恭敬敬地坐正了身子。

彼時，我還未真正見過陳啟禮本人，只能想像這位「大哥」究竟有何能耐？竟能讓手下人人聞之喪膽的大將（董桂森當年是竹聯忠堂堂主），重洋千里之外，而且他本人並不在場的情況下，在一位外人（我）的面前表達出那樣的敬重。

一九八七年我自美返回台北《中國時報》服務，有天去面會在服刑的董桂森太太「丹丹」。正巧陳啟禮的父母也在隔壁與他面會，他們先結束，陳啟禮經過我和「丹丹」面會的房門時，「丹丹」叫住他說，「『大哥』，這位就是梁東屏。」

陳啟禮站在門口笑瞇瞇地說，「『白狼』（張安樂）、『小董』（董桂森）常常提起你，難得你這麼關心他們。」這是我和他初次的照面。

我想，認得陳啟禮的人都會同意我的描述。他真是「笑瞇瞇」的。無論如何都無法與「黑道大哥」或「台灣教父」這些加諸在他身上稱號聯想在一起。

二十多年的採訪生涯中，包括美國黑手黨在內，我見過的「大哥」並不在少數，態度和善、語氣溫和的也不是沒有，但幾乎每一位的眼神裡都不小心會透出凌厲或煞氣。只有陳啟禮沒有。

也許，我認識他的時候，他早已脫離了打打殺殺的日子。

真正和陳啟禮有較頻密的接觸，已是一九九七年他避居柬埔寨之後。我去採訪他，結果他臨時反悔。千里迢迢從美國飛去，心裡自然不舒服，言語上有些不高興。陳啟禮並不以為忤，耐心婉言解釋他為何臨時反悔。但我並無法接受。不過他第二天還是接受了訪問。

我從未問過他轉變心意的原因。那時住在他家裡的一位客人卻告訴我，他曾在前一天晚上勸陳啟禮接受採訪，因為我確實遠道而來，用的又是公費，完成不了任務，如何跟公司交代？

我本來以為那位先生是陳啟禮的好友或竹聯兄弟，才說得動他。後來知道他只是位與陳啟禮素昧平生的普通商人，通過朋友介紹來找陳啟禮探詢柬埔寨市場，陳啟禮就熱心招待對方住在家裡。

所以我後來也常常跟朋友拍胸脯，表示如果要去柬埔寨的話，我可以幫忙打聲招呼，「我的朋友」陳啟禮一定會盛情接待。

陳啟禮在金邊的住家是院落很大的三層樓房，家中一年到頭都有來客。我在過去這十年間去過很多次，有採訪也有私人行程，雖然每次都住旅館，但是除了早餐之外，陳啟禮到了用餐時間就叫小弟開車接我過去，因此也在他家見過形形色色的人。有趣的是，就只有陳啟禮最不像「兄弟」。

柬埔寨很熱，陳啟禮在家多數時候光著膀子，在泳池旁泡茶待客。那個茶桌是用陳啟禮做木材生意朋友送的整塊柚木製成，從山區運出時還大費周章。看得出來，陳啟禮很喜歡那張桌子。

「陳董」泡茶從不假他人之手，來客不分尊卑，一律親手奉茶，手邊一塊抹布、一支蠅拍，隨時擦拭桌上茶漬、菸灰，拍打蒼蠅也是他的事，還負責講話。

他為人甚為風趣，說起話來表情、手勢生動，滔滔不絕而滿座生風。

約莫六年前，我曾帶正值青少年的兩個孩子前往柬埔寨遊覽，陳啟禮特別買了金邊獨有的美味大頭蝦宴請，齒頰生香之際陳啟禮談及許多趣事，逗得孩子大樂。只是兒子、女兒事後都略顯失望地說，「爸爸，他一點都不像是個 Gangster。」

我跟他們說，「真正的『老大』才是這樣，那些一天到晚喊打喊殺的早都死光了。」兩個孩子聞言大笑。

只是在陳啟禮朗爽豁達的背後，顯然還是藏著不少外人不知的心緒。他常常在講話的時候突然停下，面色霎時凝重，此時的面貌就特別酷似其父陳鐘，不過短短數秒便又恢復。以他人生經驗之豐富、複雜，也許在談事情的時候碰觸到某些不足為外人道的角落，恐怕就是他突然「停電」的原因。

任何與陳啟禮交往過的人，都應該可以感受到他的教養。我跟他認識、交往前後十年，算是十分相熟了，但就算是眾多「兄弟」在的場合，也從來沒聽他說過一句髒話，連最基本的「他媽的」都沒有。客人要走了，不論是什麼人，他都起身相送。實則老一代的「兄弟」，不少皆如此。

陳啟禮有不少與「兄弟」形象「不合」之處。譬如說他不酒，就算是很必要的場合，我也只見過他沾唇而已。

他在金邊的住宅，終年賓客不斷，很多時候也要招待朋友去酒店夜遊，他同樣不飲，也不找小姐陪坐，小姐自然感覺到他的「與眾不同」，不敢向對待其他酒客一樣嗲聲扯淡。

不過陳啟禮身處其中倒並無絲毫不自然，依然妙語不斷，舉座生風。他多半待二、三十分鐘便離去。他有次私下說，朋友來不免要去那些場合，但是如果他也叫小姐，會被人看不起。

我不知他的這個想法從何而來，但他確是如此。

造訪陳宅的朋友，當然有很多「兄弟」，身上刺龍刺虎者亦所在多有，根據我的認識，「兄弟」的刺青，很多都是在坐牢時作成。陳啟禮坐過牢、受過管訓，但身上卻是乾乾淨淨，什麼都沒有。他曾經跟我談過為何不喜刺青，可惜我忘了。

陳啟禮談起事情來經常引經據典，思路、邏輯都相當清楚。他說當年在綠島管訓時，每天要上山敲打山石，他就作了許多讀書的「小抄」帶在身上，敲幾下，就取出小抄背一段。

就這樣，身體上是一鎚一鎚地在敲石頭，腦子裡卻在背誦古書、古詩。他也勤練書法，雖然成績難說斐然，但是持之以恆的毅力倒是真實。

父喪期間的陳啓禮，留起了鬍鬚。

十年的交往中，也曾多次聽他提及當年經營「承安公司」的辛苦。他也不諱言，「我所賺到的錢，這輩子已經花不完了」。

這個我完全相信，因為他的生活相當簡單、樸實，日常在家就是一條短褲，出門換上長褲，上身也不過就是極為普通的圓領衫或馬球衫，許多都是柬埔寨當地開成衣廠的台商送的。不要說他那樣的身家，就像是我這樣的賺錢能力，恐怕也花不完。

至於有關陳啟禮過去的「英勇事蹟」，我所知不多，他自己也鮮少提。頂多是有他的「老兄弟」在座，對方提起當年事時眾口一詞讚陳啟禮「真是帶種」。

被這些同樣在江湖道上曾經打滾多年的人物讚為「真是帶種」，那當然就應該是「真是帶種」了。但陳啟禮也從未露出一絲得意之色，只是面帶微笑，不置一詞。此次陳啟禮在香港病逝，我告知在美國唸書的兒、女。兒子發來電郵，說「我覺得真的很幸運，能夠曾經有機會認識過他」。

我也有同感。

二〇〇七・十・十二　曼谷

我的好友郭冠英（范蘭欽）

前言：

二〇〇九年三月，新聞局駐多倫多組長郭冠英遭立法委員管碧玲揭發，以范蘭欽筆名寫「辱台」文章，引起軒然大波，郭冠英隨後遭新聞局撤職，我在事發之際，發表一篇文章力挺之。

郭冠英是我很好的朋友，范蘭欽也是。

這次事件由民進黨立法委員管碧玲引發而尚未正式引爆之前，郭冠英就已經把管碧玲爆出的資料 e-mail 給我。

我心裡有點嘀咕，「為什麼找上他？」就給他回了一個 e-mail，「你沒事吧，小心應付。」

我當然從一開始就知郭冠英就是范蘭欽，但是郭冠英在第一時間否認他是范蘭欽，他應該有自己的考慮，所以我沒問他為什麼，只通過 e-mail 告訴他，「這件事恐難善了，必須拿出智慧，爭取最大利益。」那是他奉召回台之際。

然後他回到台灣，第二天就發表聲明道歉，承認自己不適合駐外，同時宣稱接受新聞局的任何處置。我覺得處理得滿好，還通過 e-mail 告訴他，「繼續保持低調就好，沒必要就不要再（就事件）回應。」

然而，接下來的發展完全出乎我意料之外，幾天之內就急轉直下，三月二十三日一天之內遭停職、記過、免職，不但二十五年的公職生涯付諸流水、退休金泡湯，甚至連三月份預發的薪水都要追回。

冠英兄，真是不值得啊。

這麼多年，郭冠英幾乎所有以「范蘭欽」名義發表的文章都會傳一份給我讀。坦白地說，我確實對他的某些用語、用詞不以為然，因為我認為他許多文章的立論相當精準，邏輯十分清楚，文字也很獨特，有些我覺得特別好的，也會轉傳給其他朋友分享。可是他的情緒化用語或用詞，卻會讓文章的價值及可信度打折扣。

有一度，我確實考慮過規勸他改一下，但終究沒有開口，現在想想，真覺有虧朋友的責任。

郭冠英身為政府官員，一直是極為小心的。

我跟他其實在一九八五年就「應該」互相認識了。

那時我在紐約的《北美日報》工作，負責採訪江南案及隨後的竹聯幫大審案，因而和涉案被關押受審的「竹聯」大老張安樂（白狼）熟悉。

有次庭審之後，我因為有疑問就掛電話進紐約大都會看守所請教「白狼」。結果他說，「咦，你沒見到郭冠英啊，他今天也在庭上呀，他很清楚整個過程。」

我才知道原來「白狼」已經跟郭冠英提過我，也要郭冠英跟我聯繫。

但他始終沒跟我聯繫過。我在記者的生涯中，也很少跟官員來往，所以我們雖然人都在紐約，卻始終沒見過面。

如果沒記錯的話，一直要到十年之後，我在一九九五年到溫哥華訪友，才巧遇那時駐在當地的郭冠英。我笑問他當年為何不相認，他的回答是因為我當時服務的報紙是「左報」，而他是國府（國民黨政府）官員，身分過於敏感。

就這樣因為冠英兄的謹小慎微，我們的交情少了十年。

郭冠英在政府機構工作，要寫有政治內容的文章，身分當然敏感，用筆名是很正常的事，也正好說明他知道不適合用官員的身分表達這些意見。

我不確知台灣是否有公務人員不能發表政治性文章的規定，如果沒有，那麼郭冠英有什麼罪？尤其他還是用筆名發表，我倒想問，「你（政府）有什麼權力去查范蘭欽是不是郭冠英？去逼問郭冠英是不是范蘭欽？」

這次事件發生，郭冠英遭指責欺上瞞下，在事發之初不承認自己就是「范蘭欽」。

我不知道如果自己處在他的地位，突然之間面臨四面八方而來的壓力，突然之間遭綠、藍雙方奮力夾殺，我是否有能力做出比他更好的判斷。我只能說我可以理解他的躲閃，他在那短短的一、兩天之內，要考慮、要面對、要顧忌的事情，太多了。

二〇〇八年七月底，我回台灣辦《閒走@東南亞》新書發表，冠英兄也來了，我介紹他時就說「他就是『大眾時代』裡的范蘭欽，藍得一塌糊塗。」他也沒否認啊。

說他撕裂族群？這恐怕太抬舉冠英兄了。

他有什麼能力去撕裂族群？試問在管碧玲爆料之前，有幾個人知道范蘭欽？有幾個人知道他寫了什麼文章？

「大眾時代」應該是每期都有E給我，我很少看，今天想上去看看范蘭欽的文章究竟有多少點閱率，結果發現他的欄已經沒有了，我不知是否他為了擔心連累他人，自己要求拿掉。否則就太炎涼了。

但我寧願相信是他自己要求拿掉。

冠英兄從來不是會牽拖他人的人。此次事件發生後，他就沒有再直接發 e-mail 給我，我發給他的也都是通過另一個帳戶。我很確定他這樣做，就是不要牽拖朋友。

更有意思的是，我「赫然」發現「大眾時代」裡也有我發表在《中國時報》的報導。這麼一個連作者自己都不知道的網路平台，能發揮撕裂族群的作用？你嘛幫個忙。

當然，不能因此就說范蘭欽沒有撕裂族群的意圖。但問題是，有嗎？完全斷章取義的一個名詞「高級外省人」，被無限上綱到顯示出外省人的優越感，歧視本省人。有嗎？你去讀讀〈繞不出的圓環〉，然後摸著良心說，有嗎？

我倒想特別提提一位淡江大學經濟系、自稱為「高級台灣人」的林金源副教授寫的文章。

他說他在寫文章之前特地仔細讀了很多范蘭欽的文章，特別是有「高級外省人」這個詞的〈繞不出的圓環〉，可是他實在看不出這篇講美食的小文有什麼冒犯他的地方，他寫道，「一個健康、自信的本省人，怎麼可能會被這樣一篇文章激怒。」

說得真好，「一個健康、自信的本省人，怎麼可能被這樣一篇文章激怒。」

再說「台巴子」。

這是什麼啊？老實說我到現在還是不很明瞭什麼叫作「台巴子」。冠英兄用這種不通俗的詞來撕裂族群，只說明了他實在是個蠢蛋。

準確一點來說，范蘭欽其實是撕裂族群的果而不是因，他也沒有那種能量，比他有能量而且正在做的人太多了，譬如說有個現在被關在土城看守所還喋喋不休的前總統，譬如說事件發生後，如蟻附羶炒作范蘭欽撕裂族群的政客。真讓人作嘔。

李敖說郭冠英最愛國。我完全同意，郭冠英當然愛國，范蘭欽當然愛國，不然就不會這麼責之切、恨鐵不成鋼。只不過他愛的不是「台灣國」，他愛的是「中華民國」甚至海峽另一邊的「中國」。

這樣，不可以嗎？就要像豬一樣的滾回去嗎？

這個基點弄清楚了，范蘭欽痛斥台獨的言論還有什麼錯嗎？支持台獨、反對台獨、支持統一、反對統一，不都是民主的一部分嗎？

范蘭欽當然藍，否則就不會給自己取這麼一個筆名，他還很藍，他藍到甚至不敢讓人知道他藍，他藍到「紅衫軍」最盛時，不敢走近台前引人注意而只在遠遠的角落流淚，他藍到終於確定馬英九當選時在家裡對著電視潸然落淚。

這些，都是我在范蘭欽的文章裡讀到的，讓我十分動容。

范蘭欽寫過很多好文章。他對二二八的研究，全台灣鮮有出其右者，他也是張學良專家。我讀過一篇他

左起：我、游韻馨、張安樂、郭冠英。

二〇〇九年與郭冠英在紐約皇后區可樂娜公園。

寫有關 Gore-Tex 布料的文章，真的很深入，長我很多見識。

作為朋友，我唯一不捨的是，他太相信自己如椽之筆可 Make a difference。其實都是狗屎，百無一用就是書生，天底下有哪個政治人物會按照書生的議論去執政或改變政策，書生的議論只是自己爽自己，頭顱擲處血斑斑的時候，倒楣的還是書生。

冠英兄這次調任加拿大，我相信所有的朋友都為他高興，他在新聞局其實一直很憋也很癟，能夠在退休前有可能是最後一次的外放，而且終於坐上新聞組長的位置，他自己也應當很高興，因此赴任之後還曾寄來賞楓、遊冰河的遊記及照片，我也如身臨其境。

不久前，冠英兄的夫人才告訴我，她好不容易打包完家裡的東西，有一百多箱都是冠英兄的書及資料。我也答應她，暑假去紐約時會找時間過多倫多。她說，「我們來（紐約）也可以呀。」

言猶在耳，冠英兄卻已成了過街老鼠。

我的大學好友朱戈平也很關心范蘭欽事件（在台灣，誰不關心呢？），他在一封 e-mail 下了個標題，我覺得很好。

統獨混戰空比劃
亂拳打死郭白目

此人（郭冠英＋范蘭欽＋趙天楫＋……）就是愛放屁

前言：

「郭冠英（范蘭欽）事件」發生之後，就一直想找篇他寫過的文章，瞧瞧是多麼「高級外省人」，多麼撕裂族群，多麼恨台灣。

可是我這人太愛 delete，他的文章都沒留下（不久前還被他罵過，居然 delete 他的經（驚）世之文）。

這兩天，台灣出版社到曼谷參加國際書展，我靈機一動，就想整理一直沒人要的文章自我推銷（阿也是經世文章嘛）。

嘿，居然給我找到一篇范蘭欽的文章。

是很久以前我在部落格發表一篇〈泰勒喝酒，台灣埋單〉，結果冠英兄讀了後頗有感觸，寄來封大發議論的電郵給我。我覺得寫得滿有意思，就把它狗尾續貂（范蘭欽當然比我差囉）在我的宏文後面，所以，才找到這篇漏網之魚。

幹!!!（夠台了吧）他寫得居然比拎杯還長，金價係「乞丐趕廟公」。

操!!!（對不起，偶爾也要外省豬一下）而且最正點的是，裡面居然有我要找的「鬼島」耶。

所以特別重貼一次。

我一字未動，只幫他分了些段落。因為此人寫起文章長江黃河，經常不下段落，你如果企圖一口氣讀完，ㄟ夭壽唷。所以我做些功德。

另外，我也把我認為沒有必要的詞句用斜體字標起來（我用很高的標準唷），不爽的人可以假裝沒看見，或者換上你們覺得爽的詞句。當然，你們也可以選擇生氣。

然後，我們來檢查一下他的文章，究竟值不值得讀，有沒有內容，還是就只是謾罵而已。

對了，我的文章也是又臭又長，最好直接跳過，去讀范蘭欽的部分（大概在將近但還不到一半的地方，因為范蘭欽的比我長。要死了，怎麼講出來啦）。除非你想知道他寫這篇東西的前因後果，就從頭讀吧。

我不知道他這篇東西有否在別的地方發表過，看起來只是給我的信，那就應該是罵得更凶、更無顧忌，用這個來檢驗，應該可以吧。

看完之後，自己在心裡投個票吧。

抱歉，抱歉，忘了說，他在這兒不叫范蘭欽（你看，夠意思吧，又提供給大家一個化名），他在這兒叫「**放屁（Fang Pee）**」，因為這是他寄來「伊妹兒」的落款。

泰勒喝酒，台灣埋單

西非國家賴比瑞亞前總統查爾斯・泰勒不久以前企圖潛逃時在奈及利亞、喀麥隆邊界落網，現在已經被送往獅子山共和國聯合國設置的法庭，將接受「戰犯」的指控與審判。

泰勒的落網，倒讓我回憶起兩度前往賴比瑞亞的往事。

諷刺的是，我第二度去賴比瑞亞採訪的主題是賴國大選，當時泰勒以壓倒性的多數擊敗舍莉芙，沒想到風水輪流轉，舍莉芙在泰勒流亡奈及利亞之後，終於如願當選非洲首位女總統，結果她上任之後第一件事，就是要求奈及利亞交出泰勒。泰勒恐怕作夢也沒想到，此次竟然是他當年的手下敗將，葬送了他的下半輩子。

我第一次去賴比瑞亞是一九八九年十月間的事。當時賴比瑞亞在與台灣斷交十三年之後宣布恢復邦交，由於這是首次有已經斷交的國家與我國恢復邦交，因此舉國上下都很興奮，甚至認為是外交總反攻的開始。

《中國時報》覺得這是個非常值得報導的外交新聞，於是就要當年還是「菜鳥」的我跑一趟。那時的我根本沒有離開駐地的採訪經驗，更何況是非洲了，我想最主要的原因絕非因為我的「能力」，而是由於我使用美國護照，行動比較方便而已。

東打聽、西打聽的結果是要先「打針」，因為是在出發前才「不小心」打聽出來，所以那一大堆霍亂、黃熱病、瘧疾……等等的預防針是在出發當天登機之前，在紐約市甘迺迪機場的醫務室一針一針扎的。

去過非洲的人應該都知道，有好幾種預防針是要等打過一段時間才會生效，所以那些「臨時針」其實「安慰」的成分遠大於實際效益。

那天搭乘的是家非洲航空公司班機，名字不記得了，只記得上機之後，久久不見起飛，機上空服員透過廣播系統嘰嘰呱呱說了一些真的聽不懂的英文，機艙裡慢慢愈來愈悶熱，往窗外一看，只見地勤人員已經把所有的行李都拉出來擺在機坪，一件件查對，才知道是行李不知出了什麼問題。

現在說起來我自己都不太相信，那天在機上竟枯坐了將近三小時才起飛，那種悶熱、躁鬱，簡直無法形容。所以我對非洲的第一印象就是「飛機會誤點」、「英文不一樣」。

機場跑道上有人騎腳踏車

話說那天飛抵賴比瑞亞上空，還真是頗為興奮。非洲，作夢都沒想過會到的地方。可是往窗外一看，沒什麼嘛？跟別處一樣的陸地、海洋，也不是黑色，為什麼被稱作「黑色大陸」呢？

飛機開始向蒙羅維亞機場下降時，慢慢可以逐漸看清一些零零落落、破舊的鐵皮屋頂房舍。這是首都？

愈近目的地，就愈來愈有意思了。那個機場，根本就只是一片綠色草地中的一條水泥跑道而已，跑道兩旁有不少人在玩耍，也有牛隻在悠閒地吃草，更讓我驚訝的就是，跑道上竟然有孩子在騎腳踏車。

我能看清楚那些是孩子，可見得飛機已經下降到什麼程度了。最後，那些孩子是在飛機「俯衝」時才四散逃去，不過並未跑遠，而是站在跑道兩旁鼓掌歡迎飛機來到。

人到了賴比瑞亞，我就更確定他們的英文確實很難聽懂，厚厚的嗓音再加上奇怪的口音，成了獨特的「賴比瑞亞英文」。可是照理講，賴比瑞亞的英文應該很「美國」才對呀，因為這是一個美國黑奴回到非洲建立的國家。

賴比瑞亞建國於一八四七年七月二十六日，距今已有一百五十九年的歷史，堪稱有「悠久的歷史與文化」，也是非洲最早的一個共和國，所有的典章制度均取法自美國。走在蒙羅維亞的街頭，確實有點像是在紐約市的哈林區，所有的人都無所事事坐在門口聊天、打混，見到外來的人，更是毫不客氣地盯著看，很讓人有心理壓力。

但是除此之外，就完全不像美國了。市容骯髒、凌亂，到了市區內最好的旅館，大廳裡全是閒雜人等，房間內一股霉味，最後顧慮到安全問題，還是決定下榻當地華僑家裡。

金錢外交泥牛入海

我國與賴國的邦交可以遠溯到一九五七年，隨後在一九七七年發生變化，直到這次恢復邦交。

那次前去採訪之前，正值紐約聯合國大會開會期間，探馬來報說是賴國外交部長正在紐約參加會議，所以我們立刻約了他作採訪。在來之前，我們已從他的口中獲知那次復交的代價是兩億一千兩百萬美元，其中一億四千萬美元是修建葛班格（Gbarnga）到緬科瑪（Mendkoma）的公路。

我從未跑過外交新聞，那樣的數字對我來說實在難以想像，但是從賴國外長口中說出的應該不會錯吧，所以就照實發稿。哪裡知道稿子見報後卻引來台北外交部一疊聲否認，害得我在出發之前，其實是有點「都是媒體亂寫」的心虛。

不過到了蒙羅維亞之後我就立刻恢復了信心。因為賴國那時流行電晶體小收音機，人手一台，多數是用來聽足球轉播，只不過那幾天最大的新聞就是該國總統杜耶感謝中華民國的友誼，「一口氣援助我們兩億多美元」，而且不斷地重播，雖然只聽得見聲音，但是還可以毫無疑問感受到杜耶興奮的情緒。

嘿，這個新聞我還真的聽懂了，聽懂的原因是杜耶的英文比較標準。

這個發現當然讓我頗為自得，於是又「乘勝追擊」向台北發稿。結果台北這次沒否認，而是改口說兩億一千兩百萬是整個援助計畫的總和，並不是送上白花花的銀子。從此之後，我就不再把台北外交部的否認當作一回事。

事實上，當年賴比瑞亞宣布與我國復交的時候，全國的公務員已經三個月沒有領到薪水了，而且嚴重缺米，我國在復交前的一年之內，分兩次總共運送了一萬五千噸白米前往賴國，在加上前述的金錢援助，才使得賴國棄中國轉而與我國復交，這在當初的賴國根本不是祕密。

一九九七年，泰勒當選總統，有外國通訊社報導他宣稱台灣向賴國提供五億美元援助。我後來在他當選總統次日給他作專訪時當面向他求證，他的答覆是，「報導中說我宣稱台灣提供五億美元的援助，這是不確實的，台灣只是承諾要檢討這些計畫，並沒有裝在皮箱中大筆現鈔要運來賴比瑞亞這回事。」

泰勒的說法當然是政治語言，實際上等於就是承認有這回事。一九八九年復交代價兩億一千兩百萬，八年之後泰勒當選，他的立場比較親我國，邦交自然更加穩固，漲價成五億美元，也頗符合市場原則。

從某個角度來說，賴比瑞亞長久以來就是一個「習慣於」接受援助的國家。坦白地說，貧窮並非罪惡，接受援助也並不可恥，但是自甘貧窮又不長進，甚或濫用別人所給予的援助，就讓人真正瞧不起了。不幸的是，賴比瑞亞就是這樣的一個國家。

其實賴國自然資源頗為豐富，出產鐵礦、木材、鑽石、黃金，土地亦稱肥美，可是卻民窮國困、連年征戰，那時國民所得僅三百七十五美元，文盲占了總人口的百分之七十六，失業率高達百分之八十五，全國有百分之八十的人生活在貧窮線下。看了這些數字，不免讓人懷疑，外來的援助都到哪裡去了？

我國於一九七六年與賴比瑞亞斷交之前，曾經比照高雄加工出口區，協助賴國在蒙羅維亞興建了一個規模相當的加工出口區，結果卻一片荒煙蔓草廢棄未用。

像這樣的援助「廢墟」，在賴國並不鮮見，譬如由機場通往蒙羅維亞的公路，首都附近山頂上的電台、足球場、運動場，幾乎所有像樣的建設，都是靠著外來的協助建成。但是同樣的，幾乎所有這樣的建設都因未好好的維護而荒廢或毀於戰亂，令人望之不免興嘆。

又如我國曾於民國五十至六十年間派出農耕隊前往賴國，協助當地人民學習灌溉、種植水稻、蔬菜、水果。

斷交之後，中國大陸同樣亦派出農技團前往賴國，然而賴比瑞亞依然嚴重缺乏食米，農民只在雨季耕作，一到旱季就一籌莫展，原因竟是不知道如何灌溉土壤。賴國土地面積九萬六千平方公里，可耕地僅占百分之三點四，有灌溉設施的土地更只有區區三十平方公里。問題就出在政府顢頇、腐敗，人民好逸惡勞。

這樣的國家，我國竟然美金幾億、幾億的給，這還像話嗎？

所以「菜鳥」我就發起狠來發稿，我記得前後發了五篇，篇篇都花了相當篇幅東指責賴國「爛」，西批評我國「笨」。

結果，哈，哈，哈。登出來的報導真是慘不忍睹，去頭、截尾、刨肚，所有我自以為得意的批評部分均遭刪去。

我雖然很失望，心裡也不太舒服，但是記者的任務就只是發稿，其他都不應置喙，也只有認了。只是不平跑了這麼遠，自認為採訪得比較精采的部分，竟然蒸發了。

後來大概是當時的總編輯黃肇松先生也覺得刪得太多，曾經主動掛電話給我，說是，「東屏呀，不好意思，唉，

一代梟雄泰勒。

剛剛復交，就不要澆冷水吧。」

所以，其實是我自己不進入狀況，搞不清楚「慶祝行情」，還一個人在那裡悶著頭「揭發真相」呢。

鄧權昌借住老共大使館

只是沒料到雙方沉浸在復交的喜悅中，氣還沒有喘過來，泰勒所領導的叛軍就在當年聖誕夜開始發動攻擊，由象牙海岸邊界一路向蒙羅維亞進攻。

泰勒其實也是個傳奇人物。他當年以一根鳥槍起家，出身頗為卑微，曾經在前總統杜耶任內擔任過總務局長及商務部副部長，後因杜耶懷疑他在一項採購案中監守自盜九十萬美元，泰勒就在杜耶準備逮捕他之際逃到美國，杜耶依據賴國與美國的條約而要求美方逮捕泰勒，將之關在波士頓的監獄中，結果泰勒在即將被引渡回賴國之前越獄而逃，而在前往利比亞受軍事訓練之後回到賴國發動叛亂。

一直有個說法是美國故意縱放泰勒，條件是要求他去顛覆利比亞。以美國的紀錄來說，不是不可能，只很難以證實。

總之，泰勒志不在利比亞，而是一心一意要回賴比瑞亞奪權。但是當時的叛軍也不只泰勒這一支，而是好幾股分頭向蒙羅維亞進發，次年九月，叛軍攻到首都把總統杜耶拖出處決，我國駐賴大使館位於泛亞大樓內，也成為叛軍攻擊的目標而被打得彈孔累累，鄧權昌大使及林茂勛祕書也在那時被叛軍逐出大使館，有一度還躲在已撤離、人去樓空的中國駐蒙羅維亞大使館裡，後來才伺機轉往象牙海岸首府阿比尚。

自此以後，由於叛軍分成三股勢力（泰勒便是其中一支），彼此亦征戰不絕，因此戰況稍微平靜的時候，鄧權昌等人就回到蒙羅維亞，戰事一旦轉劇，又趕緊轉回阿比尚，就這樣進進出出辦外交、逃性命。

鄧權昌曾經在有「天下第一館」之稱的我國駐紐約總領事館擔任總領事，處在這種環境中，真可說是情何以堪。

鄧權昌隨後乾脆就常駐象牙海岸，自此之後直到他在一九九七年退休，只有必須處理要公才前往蒙羅維亞，林茂勛則隻身長期駐守蒙羅維亞。

我在一九九七年再度前往蒙羅維亞時，林茂勛還在當地，他說當時他和鄧大使有段時間真是相依為命，要到晚上才敢出門撿柴火回住處煮飯，出門幾乎都是「跨過一具又一具的屍體」行走。還有一次他被叛軍抓去，槍都指在腦袋上了。

也正是因為他的堅守崗位，後來獲得外交部頒發勳章的殊榮。

林茂勛溫文儒雅，待人甚為客氣，而在艱苦的環境裡猶能盡忠職守，確實十分難得。

泰勒雖然攻入蒙羅維亞，也如願把仇人杜耶總統拖到海邊就地槍決，但是由於西非聯軍的介入，使得泰勒的「鳥槍桿子」一直出不了政權，其他的各路軍閥當時亦乘亂而起，企圖混水摸魚、分一杯羹，從而造成長達七年、生靈塗炭、十五萬賴比瑞亞人死於非命的慘酷內戰。而我國與賴比瑞亞的邦交，也因為這個特殊情況的出現，變成了「蹺蹺板」。

邦交蹺蹺板

賴比瑞亞從一九九〇年開始進入內戰期，我國由於已經於前一年與賴國復交，而且中國大使館也降旗撤館回國，所以雖然賴國是無政府狀態，我國和它還是「有邦交」的。到了一九九三年，由於打來打去打不出個結果，三個戰派乾脆握手組成了臨時政府，由索耶出任總統，但是私底下還是打個不停，誰也不服誰。

哪裡知道在兵荒馬亂中，臨時政府總統索耶竟然和中國大陸簽約宣布「復交」，代價則是中方提供三百萬美元援助，當時的賴國政府國務委員會主席蓓莉也正式發表聲明，指稱賴國只和「中華人民共和國」有正式關係，與台灣並無邦交，同時終止駐台大使康明斯的職務。

有趣的是，中國當時固然興致勃勃地重回蒙羅維亞「復館」，但是我國卻無意撤館，堅稱當初復交的對象是賴國合法政府，現在的臨時政府無權予以更動，所以我國與賴國的邦交仍然「有效」。

在這種情況下，就形成了我國與中國大陸在賴比瑞亞都設有大使館的奇特現象，這個全球獨一無二的「雙重承認」局面維持了四年之久，直到泰勒於一九九七年當選總統，再度將我國與賴國的外交關係「合法化」，才告結束。

其實說「合法化」也不算完全正確。因為當時泰勒宣布的是想兩面討好處的「雙重承認」，但是中國不願造成任何先例，於是宣布與賴國斷交，再度降旗回國。

但是，我國與賴國關係的「搞定」，代價真的滿高。

首先，我國除了在該次大選捐助了一百萬美元給賴國「獨立選舉委員會」，使得選舉得以順暢舉行之外，也承諾要重新檢討自一九八九年以來已經停頓的各項援助

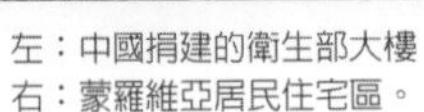

左：中國捐建的衛生部大樓。
右：蒙羅維亞居民住宅區。

計畫，並且參與重建眾多廢置的政府辦公大樓。

前述原工程費一億四千萬美元的公路，八年以來也「通貨膨脹」成兩億一千萬美元，再加上其他項目，當時傳出的數字是五億美元。

坦白地說，泰勒當選總統之後，應當有機會真正為賴國做些事，但是就如同所有的獨裁者一樣，他也無法免於貪污、腐化。

我在二〇〇〇年赴查德採訪，當時駐查大使邱仲仁原先駐法，就在閒聊時透露，泰勒若干年前曾經到巴黎一遊，當時我國駐巴黎代表處幫他訂下五星級酒店，但是他卻堅持非要改住故英國戴安娜王妃習於下榻的麗池酒店（Ritz），他每晚與隨員開懷暢飲昂貴紅酒，幾天之後拍拍屁股走人，留下一堆爛帳，我國代表處只好摸摸鼻子，在後面幫他「埋單」。

一九九七年起在賴國擔任大使館代辦的田中光也透露，泰勒頗好古巴「可喜巴」雪茄，所以大使館裡隨時都準備著足夠的存貨，以供泰勒之需。

泰勒在賴比瑞亞掌權六年，前後也到過台灣許多次，當然都是去「領錢」的，我國和賴國的邦交也因此可以繼續維持。只不過泰勒在賴國搞得天怒人怨，總共從國庫竊取或挪用將近一億美元，加上為了鑽石而支持獅子山共和國叛軍，終至因承受不了國際及西非國家壓力而下台，自我流放至奈及利亞。出亡當天，還帶走台灣專款捐助的三百萬美元，當作他私人民兵部隊的遣散費。

泰勒一下台，我國與賴國的邦交當然就產生問題。果然，二〇〇三年十月，賴國臨時政府又宣布與我國斷交，跟中國復交。

蹺蹺板，又換人上去了。

現在舍莉芙當選總統，台灣想要繼續玩蹺蹺板，機會又來啦。

後記：

老友「放屁兄」（此人行事神祕，從不以真名示人，此乃其「伊妹兒」化名曰「Fang Pee」也）讀上文後有感而發猛放一屁，頗有可聞之處，現貼於此，共享之。

四月二十日，《中國時報》駐曼谷特派員梁東屏，在其部落格中，寫他在一九八九年採訪賴比瑞亞的真相，題目是「泰勒喝酒，台灣埋單」。其中說：這樣的國家，我國竟然美金幾億幾億的給，這還像話嗎？所以「菜鳥」我就發起狠來發稿，我記得前後發了五篇，篇篇都花了相當篇幅東指責賴國「爛」，西批評我國「笨」。結果，哈，哈。登出來的報導真是慘不忍睹，去頭、截尾、刨肚，所有我自以為得意的批評部分均遭刪去。我雖然很失望，心裡也不太舒服，但是記者的任務就只是發稿，其他都不應置喙，也只有認了。只是不平跑了這麼遠，自認為採訪得比較精采的部分，竟然蒸發了。

後來大概是當時的總編輯黃肇松先生也覺得刪得太多，曾經主動掛電話給我，說是，「東屏呀，不好意思，唉，剛剛復交，就不要澆冷水吧。」

所以，其實是我自己不進入狀況，搞不清楚「慶祝行情」，還一個人在那裡悶著頭「揭發真相」呢。

今天報紙又登：「索羅門排華暴動　華人冒死逃離。」完全是賴交的翻版，我成一信：

東屏：

你談賴比瑞亞，我甚有感慨，感慨的不是政府在騙人，而是為什麼明明「賴交」是壞事、蠢事，還有「慶祝行情」？報紙還不要你澆冷水，刪掉你的真相報導？那就不是政府而是全島在自欺欺人了。為什麼這樣愚蠢犯賤？

不就是要「國際空間」吧？不管藍綠（講統獨不太精確，藍不一定支持統。）都認為「國際空間」是必要的，馬英九向中共嗆聲也主打這一點。但什麼叫「國際空間」？你有「國際空間」，大陸也有，那不是兩個中國？不是台獨？又說不是。

我們要搞漢賊兩立，但現在仍不敢明說，因為不但中國人不肯，中華民國憲法也不准，只好在打迷糊仗。就如在賴比瑞亞搞了一年多的「雙重存賴」（不是存在），最後大陸叫賴決定哪一國，台灣還是搞不成。有了十個賴國，也沒「國際空間」，那砸這種錢幹嘛呢？

你一去就知中賴轉交（那時還叫中）是扯蛋，是騙錢，是錢砸到水裡，以前如此，未來也如此。任何有點國際常識的人（如我者）不去也知是如此。

賴國就是電影《軍火之王》（*Lord of War*）中那種軍閥爛國，跑道上都是人，隨時可拆你飛機輪胎回去做椅子的鬼地。我們農耕隊宣稱做了多少的好事，其實全是個**屁**。不是他們是**屁**，而是他們討好的全是**屁人屁地**。

他們種幾畝田，幾座果園，在那鬼地一陣機槍就全報廢，小標根本治不了爛本，為什麼政府還要去？報紙還要騙？還要隱瞞真相呢？每次斷交了，才假惺惺的檢討金錢外交問題，但那些未斷的，不是還在吃台灣的錢嗎？報紙不知道嗎？外交官不知道嗎？外交官騙說得通，因為他們在這個騙局中賺得極高薪，而且也不全是騙，因為台灣從政府到人民要自己騙自己，外交官只是**三七仔**而已。

不但賴比瑞亞如此，查德、塞內加爾、尼日、巴拿馬、尼加拉瓜、哥斯達黎加、索羅門，還有呂秀蓮印尼「**迷藏歪交**」都是如此，你氣得罵她別扯謊了。

聯合國、ＷＨＯ更是。所以外交部恨郭篤為恨得要死，因為他一直在中南美報**歪交**真相，一直在烏鴉嘴，一直在爆料。

就拿索羅門動亂來說，澳洲就指這是為台灣的金錢外交分贓不均所致。《中國時報》今天如此報說：「我友邦索羅門群島動亂，已有數十家華人店鋪遭到毀壞，均由中共與澳洲直接派出飛機撤離華人。」

索羅門群島的華人華僑約有一千人，其中九成多來自廣東、香港、東南亞等地，台僑僅有十餘人。由於受害的多是大陸僑民，我方外交部一直沒有援救行動。法新社報導稱，「當地民眾指控台灣買票操縱選舉結果，才導致民眾把怒火遷移到當地華人身上，發生暴動事件後，台灣當局反應冷漠。」

這麼好的新聞，怎麼不派你去狠狠的報導「慶祝行情」呢？怕你說真相？八九年「中賴轉交」，第一個說真相，反詐騙的就是我，當時鬼島歡騰，吹說走出去了，那也就罷了，但外交部說「賴國是非洲第一個民主國家，體會到六四後中共的不仁，因此轉向與我建交」，這就是欺人過甚。

我似記得這個國家是非洲最落後的國家，總統杜耶原是士官長，八〇年發動政變把總理部長全綁到海邊槍斃，《LOOK》雜誌還有大幅血淋淋的照片。那台灣的人全沒看過？學國際政治的、報紙編輯全不敢說？全在共浴「慶祝行情」？

我就在《中時晚報》寫了篇專論，指出些事實，你的報導也多少透露了點「常識」。果不然，「常識」兌現了，那呆板的官僚鄧權昌帶個林祕書風光赴任後不久，賴國就發生內戰，鄧、林兩人差點喪命，還去撿屋外的陰溝水來活命，真是現世報。

他們是為國效命，但「國家利益」真的是如此嗎？他們如果為這種爛交而喪命，是會得大筆撫卹，勇夫重賞，但他們及其家人和外交部看笑話的人，會認為他們值得嗎？

他們的「烈士」事蹟會被傳頌嗎？還不是如《軍火之王》中的賤命一樣微如草芥。非洲這種國家根本還在茹毛飲血、部族征戰。杜耶是一族，他政變殺掉的部長們是另一族，泰勒和強生（另一軍頭）又是另一族。殺來殺去，誰都一樣。

每一個頭目在敗亡前，都要向台灣來收筆賣護照費，不收才是笨蛋，收了或可苟全政權，死了也加點遺產。杜耶就是賣身得了台灣三百萬美金，安頓家小後走上刑台。他被強生抓到，受到酷刑，BBC還拍了影片，下次再見到他，已是個骷髏頭插在步槍上，上面加上他的軍帽。然後泰勒與強生打完了，泰勒就向台灣來要補償費，以下就是你文章所說的情節了。

但怪外交官、外交部、報紙、李登輝嗎？連戰當時好像還是外交部長呢，還是要怪許多人心中的取代「小警總」後的「小台獨」意識呢？有位外交官就對我說，他做科長發錢都發到手軟，他也看不下去。但自欺欺人的騙局仍會搞下去。

就如很多人罵阿扁，我說二〇〇〇年罵尚可以，二〇〇四年罵則不公平，因為扁第一任做得就不好，還有過半的人選他，那過半的人就是為台獨或主權獨立而選他，那該罵的是這過半的投票人，不應是阿扁，什麼人玩什麼鳥，知他爛還選他。現在又起鬨攻之，這些選民不是神經病嗎？哪有什麼是非公道？

泰勒敲台灣的錢壞，那非洲聖人曼德拉不是一樣敲錢，一樣把錢放自己口袋，還高達千萬美金呢。

陸以正是頭等外交官，與南非曼德拉莫逆，但他替李登輝這皇民多買得兩年外交虛名，對「中華民國」的國家利益有何干？**皇民**還冒領一千萬做「**國亂基金**」搞獨呢。

再看陸以正功成身退，他後來與李登輝有來往嗎？從胡志強、章孝嚴、程建人到將下來的李大維，他們在台獨騙局中玩完了，不又回復中國人本性，不再扯謊，也不與扁、李等台灣、日本人來往，雙方根本無共同語言。他們會或去大陸談國家願景，終老北美上國，但幾不可能選擇台灣這毫無感情的牌桌入土的。

金錢外交騙局的成因就是要台獨又不敢力取的心態。

這很微妙，如果有種追求台獨，那不必在賴比瑞亞這些「末」下功夫，因為有她沒她沒什麼關係，妳用錢多買幾個沒用，全部沒有也無妨。「本」在美國，還加上自己的意志。

美國要打，但**鬼島**簞食壺漿以迎王師，美國也算了；美國不打，但**鬼島**養幾個核子彈，台灣自殺炸彈客大陸亂竄，整島有決心為台獨與汝皆亡，與北韓一樣，那也不必花錢買些**鳥糞國**，大陸必然怕妳，甚至就算了。美國也好扮白臉。

但台灣就沒這個種，加上其中還有很多人根本反對台獨，因此就焦慮。加上阿扁內政爛，又要靠外交來轉移視線，來出口轉內銷（你看他最近如果出訪，一定在非洲談SOGO 禮券案）。金錢外交的騙局就如飲鴆止渴，不能停止了。

要停，就是要放棄台獨，遵守「反分裂法」（這下把我的愛國面目給露出來了）。但還不是統一，別怕，只是維持現狀，不人為的去阻止現狀變化，說白了就是不去阻止去獨趨統的現狀變化；別怕，就算如此，統一還可能幾十年後才會來到，所謂的「暫行架構」（Modus Vivendi）還說是五十年。

何況，統一又有什麼好怕的？中國本來是統一，內戰才分裂。雙方都喊了統一那麼多年，「國統綱領」還在（ＡＩＴ的聖旨 abeyance 真是太深奧了），我們不統一怎麼說呢？再說你假統暗獨的焦慮，不但勞命傷財，也可能帶來及早統一，這反是大陸所不樂見的。香港還沒穩定，又接收個台灣，且一定是流了血（大概不會太多），那也很頭疼。大陸說和平統一，確實是真心誠意的，甚至和平還站首位。

軍購問題也是這樣，賴比瑞亞只算 Ak-47 的等級，根本談不上反潛機、潛艦、飛彈的層次。但就算花了六千億買了那三個玩具，仍然保衛不了台獨，因為沒人去開，沒人願為台獨流血。買這些東西，只是向美國表忠，表示願出保獨的傭兵的錢。台灣支撐個幾天，讓美國傭兵趕到而已。花了六千億就算撐三個月，美國人不來，台獨一樣完蛋；就算三天都撐不到，美國要來還是一樣要來，只是中美雙方人死多點而已。六千億是買美國保險，但問題是你現在錢不夠了，要不要買這保險？

再者你小心點，也就是不走獨，你也不必買這險。你不坐飛機不必買空安險。現在藍綠在吵保險內容，都是台獨。

很多人，尤其是戰略專家，還在夸談台灣要如何防禦，說這個東西不好，那種武器不成，其實都是騙，或明知是騙，還在裡面騙上加騙。李敖就最不齒這種渾人。

其實台灣軍購的問題不在保險，而在保險公司——美國。你說她天使也好，惡魔也罷，她有支槍，她在台灣有很大的勢力，綠要靠她豢養，藍也靠她加持。

台灣不是南朝鮮，台灣人是**極軟弱的族群**。台獨無膽，統一無量。所以，他們是注定悲情不斷，除非認命。因此藍也要買保險，只是少保幾個項目，少出點錢而已。因為對保險公司說不，沒有足夠民氣支持，保險公司語出威脅，甚至轉而支持綠，那藍要掌大位很難。

保險公司甚至會動粗殺人，她把民主國家等領袖殺掉的事太多了，如智利。美國的「在台協會」ＡＩＴ就如當年的「東印度公司」和「滿鐵株式會社」，是附屬地的太上皇。也因此馬英九必須要表忠，否則他當不成這個兒皇帝。

他在美國面聖回來與扁談，與李敖見，只是告訴美國他言而有信，不會不聽話，就如創建拉斯維加斯的黑社會頭子西格爾（Bugsy Segal）到紐約向黑手黨委員會取得授權一樣。不聽話，紐約會派人把他幹掉。

馬英九與李敖談，表面談國防，其實是說他不能不買的苦衷。你反對台獨，但請體諒我，我要騙台獨的票。馬英九談的是國防——台獨的，李敖談的是國家——中國的。雙方行禮如儀，馬英九當然走時還拿根牙籤，說「八王子」飯店菜太貴了。

一切仍是個統獨問題，迴避不了，也不會休兵，而且起隙的是台獨。

台灣本來是中國的一部分，只是國共內戰才分裂。初期大陸專心消化戰果，美國又擋在中間，並不急解放台灣。只是國民黨熱衷反攻大陸，其政權之合理化也基於此。誰敢說「反攻無望論」就大刑伺候。

美國人則只想獨台與反制蘇、中，不想蔣反攻。蔣的求統就像今天扁的求獨一樣，被視為製造問題。國府是最早的恐佈分子，在大陸搞突擊破壞，中共可沒搞過一絲一毫島內破壞。

到蔣死氣噏，七〇年代已採守勢，大陸自文革以後，百廢待舉，美國在聯中制蘇下與大陸關係正常化，甚至不惜放棄台灣。但中共並未乘機解決台灣問題，那時還寄望於兄弟一笑。打了或會遭國府激烈抵抗，中共也沒這想法，仍以和為貴。

因此在「葉九條」以後中共的政策就從未改變，和平統一。

不統一，只要不獨，和平仍維持。這就是「不獨不武」的基調，向來沒變。

但台獨推翻國民黨後，雖不明講，其實在做「要獨不武」。這很微妙。對大陸是死纏爛打，賴皮鬼扯，因此過去二十年都在玩文字遊戲，什麼「九二共識、九二精神、一中各表、各表一中……」，一會兒積極，一會兒有效，又叫開放，又要管理。

對島內也是「不武」，沒人敢武，只想以騙扯來求獨，看到巨賈紛紛去北京面聖，國共聯手制獨，就搞個「玉山兵推」在玩家家酒，人家辦婚宴，這廂就請出七爺八爺扮神弄鬼。又是包藏禍心，又是沒良心。

其水準比向胡錦濤鬧場的瘋女人還不如。**台灣這個族群的品質低劣**，真是令人嘆為觀止。當然比起賴比瑞亞她是好一點。

再說國際空間，誰說國際空間就等於生存空間？

中國今天的強大，是因為經濟高成長，不是萬國來朝；台灣經濟下落，多十個賴、索等**烏糞國**家承認也沒用。伊拉克還是聯合國的大國呢，美國還不是照樣滅亡她。

國際空間只有武力結盟時才有用，如一、二次大戰間。

台灣就是與歐洲國家建交，她被大陸武力統一時也不會有人來蹚渾水，連美對伊的侵略國際都沒人敢介入，何況是中國的內政問題，因此這是個力的問題，不是理的問題。

大陸早說一切好談，只要不涉及國家主權問題。要參加外國酒會、要養些外交官移出**鬼島**（你看台灣那個大使不在國外退休養老，誰願回來？那個外交官的後代會在**亂邦**定居發展？）、要做WHO觀察員，真是為了健康、要開展經貿關係……，真是這樣，那好談。

同是中國人，為何要封殺自己人，為何要悶死台灣這隻金鵝？只是台灣不能賺了錢買武器來殺中國人，來搶占中國土地，尤其過去二十年還是從大陸賺來的錢。

大陸對台灣有何仇？即便想與你同居，也不是想來毀你滅你，但台灣人卻聽不進這些簡單道理。弄成所謂的國際空間就是台獨空間，這也是台灣一直不敢與大陸談的原因，因為她要談的是分離奪產而不是和解共利。

其間大陸還求好心切，在二次「辜汪會談」後汪道涵欲赴台報聘，就想提出讓台灣成為WHO觀察員的見面禮，李登輝馬上拋出「兩國論」來阻止，把醜話先講前面，這李也承認了。

所以這不是哪方不談的問題，是能不能談台獨的問題。連、宋所以能談，就是反對台獨，那一切都好談，中國人嘛。台獨的**卑賤**就是有時也說：「中國人不打中國人。」

但死命否定鄙視中國人。就如他們最想消滅中華民國，最恨國旗，竟叫連戰帶這面旗子去北京。台灣從國際空間到兩岸和平，吵來吵去，吵出了一個人格分裂、**智商退化的族群**，小到貪腐叢生和自辯的荒唐，都是因為大的認同混亂而衍生的。

台灣人最喜歡喊「愛國」，其實真正愛國的是中國共產黨。要不是她保衛中華民國和憲法，中華民國早滅亡了。

眼見國亡，國民黨人再不甘，還不是旁觀嘆氣，他們雖然不積極贊成台獨，但也不敢保衛國家，還把「消滅中華民國」當為選項，推說是尊重人民選擇呢。台灣藍綠在「渾統vs.急獨」上是有差別，但膽小是一樣的。

台灣最大的共相就是膽小，膽小到很多人不敢再去面對這個世界，選擇了最不痛苦的燒炭自殺。**鬼島**過去二十年就在燒炭自殺，只等二〇〇八年馬英九來打開窗子，就怕那時已經腦死，救也救不回來了。

賴比瑞亞、索羅門的荒謬不過是塊小炭，加也好，拋也罷，都是死。只有倒掉炭爐，開窗開門才能活。但對台灣這種重度憂鬱症患者，是很難聽得進去的。

INK PUBLISHING
文學叢書 428
醬油稀飯

作　　者　梁東屏
總 編 輯　初安民
責任編輯　宋敏菁
美術編輯　林麗華
校　　對　吳美滿　梁東屏　宋敏菁

發 行 人　張書銘
出　　版　INK印刻文學生活雜誌出版有限公司
新北市中和區中正路800號13樓之3
電話：02-22281626
傳眞：02-22281598
e-mail：ink.book@msa.hinet.net

網　　址　舒讀網http：//www.sudu.cc
法律顧問　巨鼎博發法律事務所
施竣中律師
總 代 理　成陽出版股份有限公司
電話：03-3589000（代表號）
傳眞：03-3556521
郵政劃撥　19000691　成陽出版股份有限公司
印　　刷　海王印刷事業股份有限公司

港澳總經銷　泛華發行代理有限公司
地　　址　香港新界將軍澳工業邨駿昌街7號2樓
電　　話　(852) 2798 2220
傳　　眞　(852) 2796 5471
網　　址　www.gccd.com.hk

出版日期　2015年2月
ISBN　978-986-387-001-2

定　價　290元

國家圖書館出版品預行編目資料

醬油稀飯 / 梁東屏著；
--初版，--新北市：INK印刻文學，
2015. 02　面；　公分（文學叢書；428）
ISBN　978-986-387-001-2（平裝）

855　　103021132